高达模型

3D建模与场景改造
实用手册

谯陟航　张昊健　王瑞　编著

机械工业出版社
CHINA MACHINE PRESS

《高达模型 3D 建模与场景改造实用手册》是 KITSUNE 狐火模创工作室打造的第三本高达模型制作类手册，也是一本专业跨界强、重应用、强调操作的书。本书用到的建模软件是 UG、SketchUp，除常规的建模讲解外，还重点介绍了如何运用数字技术（3D 打印、激光切割）进行模型的改造与场景搭建，用实例呈现 3D 建模及输出技术。扫描本书二维码，可获得相关实例制作文件、效果展现的视频。

本书适合高达模型爱好者，手办制作者及建筑、产品设计专业的学生阅读，也适合开设以上相关专业的院校及培训机构作为参考读物。

图书在版编目（CIP）数据

高达模型 3D 建模与场景改造实用手册 / 谯陟航，张昊健，王瑞编著 . —北京：机械工业出版社，2022.8
ISBN 978-7-111-71458-3

Ⅰ.①高… Ⅱ.①谯…②张…③王… Ⅲ.①组合玩具－制作－日本－手册 Ⅳ.① TS958.2-62

中国版本图书馆 CIP 数据核字（2022）第 153797 号

机械工业出版社（北京市百万庄大街 22 号 邮政编码 100037）
策划编辑：杨 源 责任编辑：杨 源
责任校对：徐红语 责任印制：李 昂
北京中科印刷有限公司印刷
2022 年 9 月第 1 版第 1 次印刷
215mm × 280mm·13 印张·335 千字
标准书号：ISBN 978-7-111-71458-3
定价：119.00 元

电话服务 网络服务
客服电话：010-88361066 机 工 官 网：www.cmpbook.com
010-88379833 机 工 官 博：weibo.com/cmp1952
010-68326294 金 书 网：www.golden-book.com
封底无防伪标均为盗版 机工教育服务网：www.cmpedu.com

前　言

恭喜你获得一本让普通制作者快速成为模型达人的"通关宝典"。本书引入了以往不常用的激光切割、3D打印技术，将其融合模型制作的过程中，通过用激光切割代替手工切割、3D打印代替胶板堆砌，让读者掌握平时难以接触的造型技术，制作者便能从零件改造跃升至零件创造。

如今3D打印机已经不再是昂贵的奢侈品，日渐低廉的价格让原本只存在于实验室的3D打印机也走进了千家万户。即便个人有时难以负担得起一套3D打印设备及耗材的费用，也并无大碍，因为目前在世界范围内，出现了各种可以凭低廉的会员费，使用多种设备的创客中心，多数高校内也有供学生免费使用的3D打印机。

3D打印机的普及给制作模型带来了翻天覆地的变化，以往需要手工搭建数日的造型原件，使用3D打印可以在很短的时间内自动打印，以此解放制作者的双手。

其实3D打印在工业制造上早已普及，大家熟知的万代玩具公司，其设计的拼装模型零件，在落实到开模环节之前，就会用3D打印先做出一个粗糙的原型，待克服所有设计及制造的难题时，才会进入开模环节，这相比较直接开模制作能最大限度节约成本。

如今的模型制作，已经迈入了个人制造时代，模型制作者仅凭设定稿件或动画视频截图，就能将其制作为实体的难度降低了。一方面来自模型玩具厂商推出的模型存量非常多，且市面上现有的模型改件非常丰富；另一方面则是3D建模软件经历了数十年的版本更新，功能非常强大，家用的3D打印机价格也降至千元以下，即便是付费寻求专业打印厂商进行高精度打印，也有数不清的商家可供选择。

自模型套件诞生以来，制作者通过自由的想象来制作出属于自己的模型，特别是制作出本不存在的东西，一直都是一件幸福快乐的事。

在本书的编写过程中，谯陟航负责全书的文字撰写及4.3节、4.4节，张昊健负责3.3节、4.1节模型的制作，王瑞负责第5章模型的建模工作。

笔者之前出版的《高达模型制作技巧指南（第2版）》《高达模型涂装指导手册》已经把基础以及进阶的技巧进行了细致讲解，而本书的技巧就可以更加深入了，于是在内容的编排上除了制作技巧的讲解外，还增加了颜色搭配、作品思路构建、日常用品的再利用等内容，在开拓思维的同时，让制作模型变得更加有趣。

KE（谯陟航）

KITSUNE 狐火模创工作室 社长

配书实例制作文件与作品制作、欣赏视频

扫描下面对应的二维码，可下载配套的制作文件、在线观看本书配套的实例制作与作品欣赏视频。

名　　称	图　形	名　　称	图　形
5.1　人工智能服务端		5.8　能源罐	
5.2　太空桌椅套装		5.9　太空载具	
5.3　控制台		中世纪古堡（自然场景）	
5.4　通信台		上海啦啦宝都（都市场景）	
5.5　补给箱		海盗高达钢铁的七人（舰内场景）	
5.6　电箱		祭战的终结者（火星场景）	
5.7　舰内送餐车		飞翼高达	

目　录

第1章　造型与场景要素介绍

1.1 锯割工具

1.1.1 斜口钳

斜口钳主要用于将零件从板件上剪下，通常准备一把便宜且坚硬的钳子，一把锋利且薄的钳子，前者用于金属线、粗大的塑料等容易损坏钳子的场合，后者用于零件水口及剪取细小零件的场合。

图 1：神之手 SPN-120 单刃剪钳（人民币约 460 元 / 把）及喵匠 HM-108 单刃剪钳（人民币约 168 元 / 把）。适合用于精细制作的场合，缺点是容易损坏。

图 2：锋芒 2.0 剪钳（人民币约 35 元 / 把），是性价比极高的单刃剪钳，适合前期制作使用。　　三山 SP-23 电子钳（人民币约 7 元 / 把），是性价比极高的入门剪钳，适合所有入门玩家。

1.1.2 刀具

模型制作的所有阶段均需要笔刀，组装时用于处理水口、改造时用于雕刻、涂装时用于切割遮盖胶带……一些第三方厂家在笔刀的基础上开发出了可以替换的手锯锯片及刻线刀头，实用性很强。

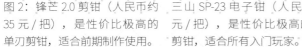

图 3：田宫 74040 40 号笔刀（人民币约 45 元 / 把）及喵匠 HMK-03 宽刃笔刀（人民币约 42 元 / 把），是制作模型时不可或缺的实用工具。

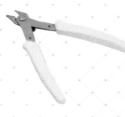

图 4：田宫 74020 20 号笔刀（人民币约 42 元 / 把）及喵匠 HMK-01 窄刃笔刀（人民币约 35 元 / 把），适合手型较小的制作者。

1.1.3 锯子

使用锯子之前，但凡提到切割，仅将零件上的水口切平即可，从此开始，我们将使用锯子等工具锯开高达模型的零部件，将它们改造成我们希望的样子。

图 6：优速达 UA-90400 迷你型台锯（人民币约 120 元 / 台），仅适合用于简易的切割零件作业，若需要切割胶板或木板，建议购买更专业的微型台锯。

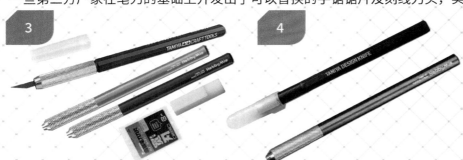

图 7：长谷川 TP-4 超薄蚀刻片锯组（人民币约 68 元 / 套），是使用蚀刻工艺制作的超薄锯子，可以将切割的损耗降到最低，多用于移植细节零件。目前主要采取重新建模并 3D 打印的方式制作细节零件，成本更低且容易复制。

图 5：WAVE HT-380 胶板剪刀（人民币约 115 元 / 把），适合裁剪厚度 1mm 以下的小型胶板，也可以被激光切割机完全代替。

1.1.4　锉削钻工具

修整环节主要使用各种造型及性能的砂纸，为的是将模型的造型及表面工艺进一步提升，用错方法或材料会造成时间及材料的浪费。

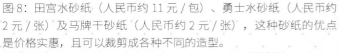

图8：田宫水砂纸（人民币约 11 元 / 包）、勇士水砂纸（人民币约 2 元 / 张）及马牌干砂纸（人民币约 2 元 / 张），这种砂纸的优点是价格实惠，且可以裁剪成各种不同的造型。

图 9：RAYSTUDIO 碳纤维打磨板（人民币约 19 元 / 套）、喵匠打磨板（人民币约 15 元 / 套）、KITSUNE 狐火模创打磨板（非卖品），这种打磨板用于粘贴砂纸后使用，可以自购板材并使用激光切割机制作。

图 10：3M 海棉砂纸（人民币约 5 元 / 张），适合用于打磨曲面造型的零件，MEDIUN=180号、SUPERFINE=320 号、FINE=600 号、ULTRAFINE=1000 号、MICROFINE=1200 号。

图 11：喵匠免裁水洗复活切砂纸（人民币约 10 元 / 包）、MADWORKS 低黏度背胶砂纸（人民币约 12 元 / 包）、RAYSTUDIO 背胶砂纸（人民币约 12.9 元 / 包），以上这些"口香糖"包装的砂纸使用便捷、价格昂贵，适合用量较少的新手玩家或时间宝贵的高端玩家。

图 12：喵匠水洗复活海绵砂纸（人民币约 18 元 / 包）、MADWORKS 磨砂棉布（人民币约 50 元 / 包）、RAYSTUDIO 海绵砂纸（人民币约 12.9 元 / 包），耐久度相较 3M 砂纸更高，但价格昂贵。

图 13：牧田 /makita M9400B 砂带机（人民币约 918 元 / 台），适用于手工难以打磨的板材，例如挤塑板、木板及大面积 ABS 板。

田宫 74051 精密手钻 S（人民币约 50 元 / 把）及田宫 74112 精密手钻（人民币约 95 元 / 把）。

1.1.5　激光切割机

图 14：雷宇激光切割机（人民币约 65000 元 / 台），图中展示的是位于上海市浦东新区博云路 111 号 B1蘑菇云创客空间的激光切割室实景图，该机型激光管功率为 80W。

市面上也有一万元以下的切割机，可能会有功率不稳定或软件功能不齐全的风险；也有两千元以下的桌面切割机，通常激光功率在 10W 以内，切割效率较低。

模型制作者也可以选择 snapmaker 的三合一 3D 打印机，其集成了激光切割功能，可以切割 1mm 以下的胶板。

需要使用图中的切割机，除了自购外，也可以在创客空间实现。

蘑菇云创客空间官方网站：http://www.mushroomcloud.cc/

1.2 黏合材料

1.2.1 填充型胶水/补土

塑胶比例模型的细小缺陷会被无限放大，需在涂装前将会使成品失真的孔洞填补掉，填补材料通常在干燥形式、流动性、硬度、气泡比例上有区别。

图3：乐泰480黑色瞬间胶（人民币约11.5元/瓶）及MADWORKS极黑瞬间胶（人民币约28元/瓶），添加了黑色硅胶成分，流动性介于495及454之间。

图1：乐泰454果冻胶水（人民币约15元/支），具有高硬度且耐高温的特性，用起来感觉像凝胶（啫喱），流动性较低。

图2：得力502胶水（人民币约1.5元/支）、乐泰495胶水（人民币约7元/支）、MADWORKS透明瞬间胶（人民币约25元/瓶），是最常用的瞬间胶类型。

图4：显能DW模型无缝用胶水（人民币约85元/瓶）及显能喷雾型催化剂（人民币约190元/罐），常用于填补模型的缝隙或孔洞。

图5：502胶水+爽身粉（人民币约15元/套）、郡仕MJ-205 MR.SSP瞬间补土（人民币约90元/盒），前者对比后者更加经济实惠，两者在填补孔洞时相较于牙膏补土及红灰更硬。

图6：田宫87076光固化补土（人民币约70元/支），只要用家用灯具照射就可以固化的堆砌材料，硬度适中，使用非常方便。

图7：田宫87095牙膏补土（人民币约22元/支）、杜邦红灰（人民币约16元/支），前者为32g装，后者为400g装，使用时仅需挤出并涂抹，一天后即可打磨。

1.2.2 弱黏型胶水

弱黏型胶水的特征就是腐蚀性低、干燥慢，通常用于黏合柔软的材料。右图均为在文具店售卖的规格，若制作大型场景，则需要在建材商店或网络商店购买桶装的规格，以此降低成本。

图8：白胶（人民币约3元），制作场景时用于黏合纸张、石膏、草树粉等材料。

图9：UHU胶（人民币约4元），其实就是泡沫胶的小销售单元，用于黏合泡沫板材料，相较于热熔胶给予了制作者更多操作时间。

1.2.3　腐蚀性胶水

腐蚀性胶水的原理是通过物理或化学方式溶解材料，再使不相连的材料结合在一起的。这种胶水的特点就是黏合后痕迹小，操作难度大。

图 11：田宫 87003 白盖胶水（人民币约 20 元 / 瓶）、田宫 87113 橘子味胶水（人民币约 28 元 / 瓶）、郡仕 MC127 模型胶水（人民币约 14 元），是树脂含量较高的胶水，可以溶解 PS 树脂等材料。

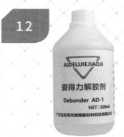

图 10：田宫 87038 绿盖胶水（人民币约 20 元 / 瓶）、田宫 87134 橘子味流缝胶水（人民币约 28 元 / 瓶）、郡仕 MC129（人民币约 20 元 / 瓶），是树脂含量较低的胶水，可以溶解 PS 树脂等材料。

图 12：解胶剂（人民币约 18 元 / 瓶）、ABS 胶水（人民币约 9 元），其实就是换了名字的二氯甲烷或氯仿，前者（500ml）和后者（20ml）是同一产品，但价格差了 12.5 倍，可以溶解亚克力板及 ABS 板等材料。

1.3　造型材料

1.3.1　3D 打印树脂

模型制作者常使用的 3D 打印成形方式为 FDM 熔融堆积成形及 LCD 光固化成形。这种材料自生产日期起会吸收空气中的水分，保质期约 2 年，之后会出现变脆的现象。

图 3：esun 易生 FDM 机型用 PLA 材料（人民币约 89 元 / 千克），是一种供 FDM 机型使用的丝线状材料，直径为 1.75mm，打印温度为 190~230℃。

图 1：ANYCUBIC 纵维立方 LCD 机型用光敏树脂（人民币约 199 元 / 升），本书 4.1 节商场模型中的场景小品皆使用该款树脂打印。

图 2：esun 易生 LCD 机型用水洗光敏树脂（人民币约 288 元 / 升），使用该树脂打印出的模型，仅需使用自来水即可清洗，非常方便。

图 4：CREALITY 创想三维 LCD 机型用光敏树脂（人民币约 218 元 / 千克），本书 3.3 节的运输舱模型使用该款树脂打印。

1.3.2 板材

不同的板材具有相异的切割性能、黏合性能，例如 ABS 板更易打磨及黏合，所以常用于模型改造而非使用木板；挤塑板更易切割且质地轻盈，所以常用于制作场景底座的胚子而非使用雪弗板。

图 7：ABS 胶板（人民币约 35 元 /mm/m²），图中是将 1mm 胶板裁切成 10cm 宽、20cm 长的规格用于手工改造。在激光切割时，则根据"雷宇"的幅面要求商家将 2mm 厚的板裁切成 50cm 宽、65cm 长的规格。

图 5：挤塑板（人民币约 23 元 /5cm 厚 / m²），原本是用于装修房屋时铺设保温层的材料，模型制作者则用其制作场景底座胚子。

图 6：椴木胶合板（人民币约 26 元 /3mm 厚 /m²），是一种非常适合激光切割加工的板材，切口平整均匀且易于切割。

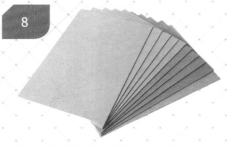

图 8：密度板（人民币约 7 元 /3mm 厚 / m²），是一种平整度极高的板材，质感更像纸，没有木纹，表面光滑无木刺。

图 9：KT 板（人民币约 8 元 /5mm 厚 / m²），日常生活中常见于广告拍照，制作场景时可用其制作微小地形。

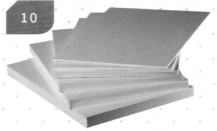
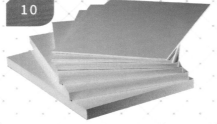

图 10：雪弗板（人民币约 17 元 /5mm/ m²），是一种硬度介于挤塑板及 ABS 板之间的板材，部分场合可代替上述两者。

1.3.3 堆砌材料

在很长一段不借助 3D 打印及激光切割的时间内，胶板及 AB 补土作为造型的唯一方式被大量使用。现今，AB 补土则作为一种补充方式与新技术相结合。

图 11：郡仕轻量化 AB 补土（人民币约 68 元 / 包）、田宫 AB 补土（人民币约 25 元 / 包）、圣多美 AB 补土 100 克（人民币约 20 元 / 包）、圣多美 AB 补土 500 克（人民币约 55 元 / 盒），是一种比例模型制作者必备的造型材料，改造后期使用量较大，推荐一次准备 500g 以上备用。

1.4　3D 软件

1.4.1　UG NX 3D 建模软件

UG NX 是一款非常适用于比例模型的参数化建模软件，欢迎来到 @John_RUI 的哔哩哔哩弹幕网个人主页查看更多相关内容。

图 1：对应 5.9 节第 11 步，大致切出了飞船主体造型。

图 2：对应 5.9 节第 39~40 步，制作飞船的舱盖。

图 3：对应 5.9 节第 97~98 步，制作飞船的动力臂。

图 4：对应 5.9 节第 110~111 步，制作飞船的发动机。

图 5：对应 5.9 节第 114~115 步，制作飞船的起落架。

图 6：对应 5.9 节第 131 步，镜像左右对称的造型。

图 7：在 UG NX 软件中，选择文件 / 导出 /STL 文件，将建模完成后的太空载具导出为 STL 格式文件，之后用于 3D 打印。

图 8：STL 格式的文件可以用 Materialise Magics 3D 打印文件处理软件打开。

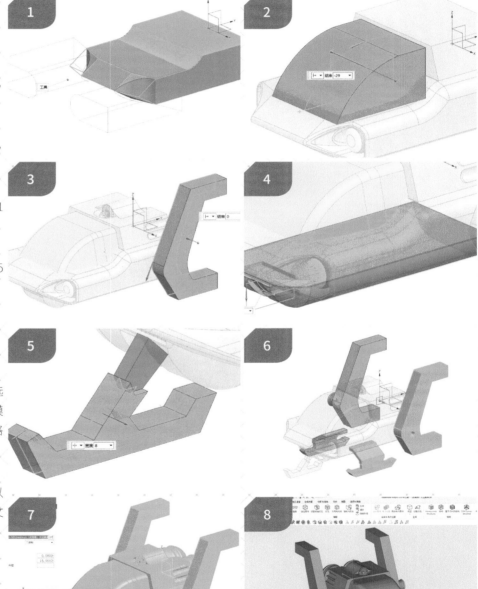

1.4.2　SketchUp 建筑建模软件

SketchUp 在建筑系专业高校内普及度非常高，且该专业通常含有模型制作的课程。如何让建筑系学生更好地完成模型课题，及如何让模型制作者更好地利用数字化技术是本书要解决的问题之一。

问：如果在 UG NX 软件及 SketchUp 软件中只选一款学习，选择哪一款更好？

答：SketchUp，因为 SketchUp 几乎可以满足所有模型制作者的需要，而 UG NX 有许多工业生产上的附加功能是模型制作者用不到的。

问：SketchUp 在制作建筑模型上的优势，体现在哪些方面？

答：因为命令简单，不保存历史步骤，所以相比参数化建模软件，SketchUp 制作同类的建筑模型时，在运行速度上具有优势。

问：使用 SketchUp 制作机甲类模型的改件，是否有弊端？

答：相比 UG NX 软件，SketchUp 软件没有拔模、倒斜角、边倒圆、减去、修剪体、扫掠、阵列几何图形（环形）、偏置曲面、延伸片体、抽壳等命令，会令制作者不得不用叠加许多简单的命令做出以上一种功能的效果，反而令创作变得麻烦。

图为 4.3 节战舰内生活场景的建模展开图。

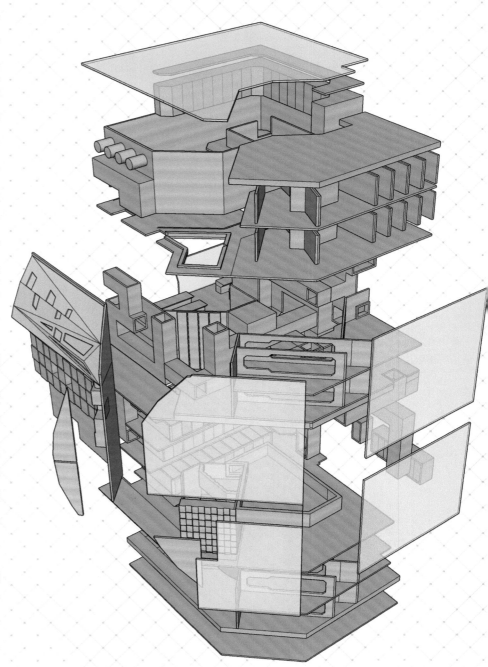

1.4.3 AutoCAD 绘图软件

AutoCAD 绘图软件在工科类专业内普及度较高，如何用 AutoCAD 绘制图纸常作为该专业的基本功所培养，在本书中，AutoCAD 的作用较小，主要是用于精细化修改图纸，以此弥补 Lasermaker 的不足。

图 9：dxf 格式是众多 CAD 文件类型中的一种，模型制作者通常用 SketchUp 软件、Adobe Illustrator、Autodesk AutoCAD 导出 dxf 文件。

在 SketchUp 中将所有立面排列在一个平面上，注意检查确保没有倾斜的平面，防止比例变形。

选择文件 / 导出 / 二维图形，在弹出的界面中选择"保存类型"为 AutoCAD DXF 文件。

为保险起见，使用 AutoCAD 软件将其打开并做检查，也可以直接将其导入至激光切割机的软件中。

图 10：按"Ctrl"键及"A"键，选中所有对象，选择管理 / 删除重复对象。

图 11：单击对话框中的确定按钮。

图 12 和图 13：清理完成后效果如图所示。

图 14：按"Ctrl"键及"A"键，选中所有对象，选择常用 / 修改 / 缩放。做这一步的原因是 SketchUp 导出的图纸有时候会出现比例错误，需要缩放至正确尺寸，再导入激光切割机加工。

图 15：单击空白处，并输入比例因子。

1.4.4　FDM 切片软件

　　本节将枚举 Snapmaker、极光尔沃、创想三维、纵维立方及 makerbot 打印机的切片软件，这些都是笔者及身边好友平时常用的。

Snapmaker Luban 是专门为 Snapmaker 三合一 3D 打印机设计的切片软件，导出格式为 g-code，初次安装后会要求在初始、A150、A250、A350、定制机型中选择一台。默认打印设置不含支撑，需要新建定制参数后自主设置，且每次开启后需重新选择。使用该品牌机器打印的模型支撑更易拆除，模型抖动现象较少。

JGcreate 是极光尔沃消费级 FDM 型 3D 打印机通用的切片软件，导出格式为 g-code，软件默认普通精度的填充率为 20%，实际上仅需 13% 即可。笔者实测该品牌 A3-S 机型后，认为该品牌噪声程度介于 Snapmaker 及创想三维之间，属于适中；打印的模型支撑与主体连接更紧密，较难拆除，且拆除后残留痕迹明显。

Creality Slicer 是创想三维 FDM 型 3D 打印机通用的切片软件，导出格式为 g-code。创想三维在消费级 FDM 机型中拥有丰富的产品线、产品配件价格低廉，可以覆盖几乎所有个人用户的需求。用户也可以根据自己的需求替换静音主板，即使数台同时打印，也不会有太大噪声，适合空间有限、打样需求大的小型工作室。

makerbot desktop 是 makerbot 系列 FDM 型 3D 打印机的配套切片软件，导出格式为 makerbot。该软件与部分系统存在兼容性问题，故障概率较大；切片算法虽然相较于其他打印机更加节约材料，但打印模型相较于其他品牌的模型更脆；其相关配件有越来越难买到的趋势，使维护成本节节攀升，总体而言性价比较低。

1.4.5　LCD 光固化切片软件

　　本节将枚举纵维立方、nova3D、创想三维、闪铸科技等机型使用的切片软件，这些都是笔者及身边好友常用的。

PhotonWorkshop 是纵维立方 LCD 型 3D 打印机的配套切片软件，导出格式为 pws，目前该品牌的 LCD 机型对于比例模型制作者来说，属于同时期内性价比最高的，未来是否会被其他品牌超越尚不可知。

赤兔 BOX 是适用于大多数消费级 LCD 型 3D 打印机的切片软件，导出格式为 fdg，许多打印机厂商除了会自主研发切片软件以外，也会保留与赤兔 BOX 的兼容性。

NovaMaker 是 nova3d 系列 3D 打印机的配套切片软件，导出格式为 cws，虽然软件 UI 界面不及前两者美观，但是功能上并无差异。

　　问：如何在 LCD、DLP、SLA 三种光固化中做选择？

　　答：从工作室的打印量、人数规模、品质要求、保密需求上做判断，①对于绝大多数有一定动手能力的玩家来说，准备一台 FDM 机型用于打样、一台 LCD 机型用于打印成品，待建模水平提高后，可省略 FDM 机型打样步骤，直接使用 LCD 机型打印成品；②当保密需求高、品质要求高的情况下，选购 DLP 机型可以确保成品质量；③当打印量大、人数仅自己一人时，推荐选购商业打印服务，在工作室内准备 FDM 机型打样用，有条件的人也可以自购 SLA 大幅面机型；④当打印量大、人数规模在 2 人以上时，可以准备 DLP 及 SLA 机型，以备应对不同品质需求的模型。

1.4.6 LaserMaker 激光切割软件

LaserMaker 是雷宇激光系列激光切割机配套的切割软件，只要将 dxf 格式（AutoCAD 保存的格式）的文件导入，再为线条规定对应的颜色，为每种颜色设置对应的参数，便可以生成激光切割机专用的 lcp 格式文件，如图 16 所示。

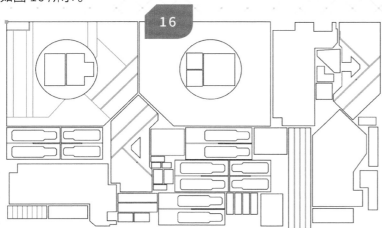

加工工艺	速度	功率	输出
切割	17.0	99.0	☑
描线	100.0	99.0	☑

4.3 节的范例所使用的板材为 2mm 厚的 ABS 板，机器为位于上海蘑菇云创客中心的雷宇（功率 80W）。切割前，分别设置了切割参数（17mm/s）及描线（刻线）参数（100mm/s）。

根据此参数举一反三，若改用 60W 的机器，则切割参数理论上改为 12mm/s；若换成 1mm 厚的板材，则切割参数理论上改为 35mm/s。

图 17：图中所示为二楼的楼板文件，这是由 SketchUp 中导出的 dxf 格式文件导入 Lasermaker。

部分线条为分离状态，部分线条为相连状态。图中红色的线条与外框线分离，已经被设置成了"刻线"的参数。

图 18：选中另一条需要被设置成"刻线"参数的线条后发现，这条线与外框线相连，如果放任其如此，则该处会被切断，若全部设置成"刻线"参数，外框则需要手工切割，效率较低。

图 19：使用"橡皮擦"工具，将连接处擦除一小截。

图 20：这条线可以被单独选中并设置参数了。

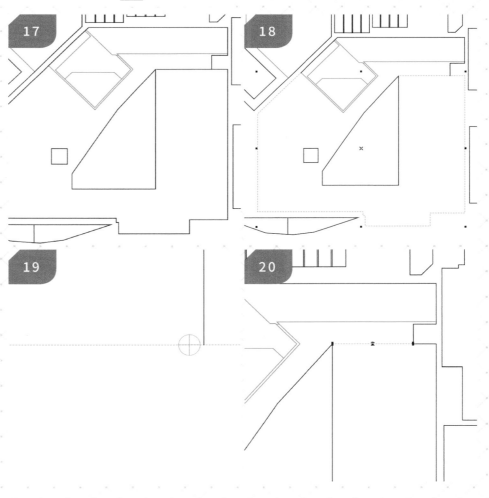

1.4.7 Materialise Magics 3D 打印文件处理软件

MaterialiseMagics 可以方便地修改 3D 打印格式（.stl 文件格式）的文件，以填补部分切片软件无法导出修改后模型的空缺。例如，在某款切片软件中修改了文件的尺寸后，仅可保存该切片软件适用的 G-code 文件，并无法再次交给其他切片软件切片，使用本软件后，可以在修改文件后，再导入各个不同的切片软件。

图 21：使用软件打开 5.9 节的太空载具模型后，可以在面板上查看尺寸及体积信息。

图 22：单击"缩放"按钮。

图 23：原始尺寸如图所示。

图 24：该载具高度为 2m，则 1/100 比例的模型尺寸为 2m 除以 100，得到 20mm。

注意要勾选统一缩放，防止比例变形。

图 25：单击"应用"按钮，注意仅单击一次，避免重复操作。

图 26：按"Ctrl"键及"S"键，将修改后的模型保存至原位置，将文件名改成和源文件一样，覆盖源文件。

图 27：单击"替代"按钮，之后关闭文件时会提醒是否创建一个 magics 文件，选择"否"即可。

图 28：打印完成后效果如图所示。

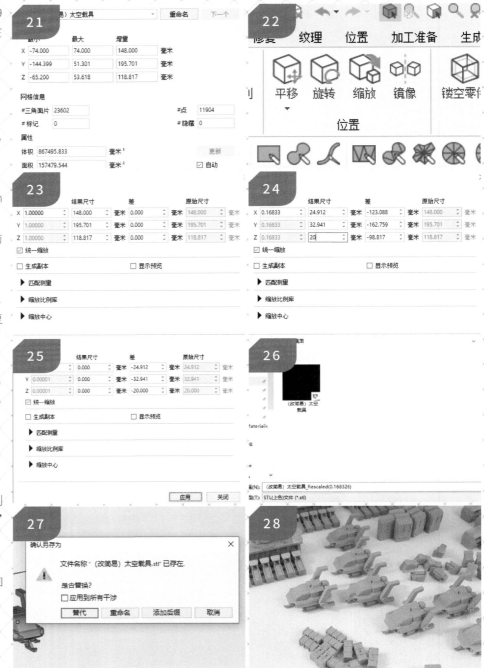

1.5　3D 打印机

本节所枚举的 FDM 机型打印机从一千元到上万元不等，由于 FDM 机型的打印品质与比例模型的要求相去甚远，对于模型玩家而言仅适用于结构件或模型结构验证，购买时仅需关注打印幅面及稳定性即可。

1.5.1　FDM 3D 打印机

图 1: snapmaker 快造 A350 三合一 3D 打印机（人民币约 14500 元），工作空间为 320mm×350mm×330mm，同时具有 3D 打印、激光雕刻、CNC 雕刻三项功能，机身重量属于桌面级中非常重的，且拥有非常高的稳定性。

图 2: stratasys F370 3D 打印机（人民币约 500000 元 / 台），共有 4 个材料托架，其中有两个为模型托架、另外两个为支撑托架，在高校间非常流行。

图 3: 创想三维 Ender-3、Ender-3 v2、Ender-3 max，人民币分别约为 1399 元 / 台、1899 元 / 台、2199 元 / 台，max 款打印幅面为 300mm×300mm×340mm。

图 4: 创想三维 CR30 无限 3D 打印机（人民币约 8499 元 / 台）；打印尺寸为 200mm×170mm× 无限，适用于批量使用的小型零部件。

图 5: makerbot Replicator（人民币约 25000 元 / 台）、智能喷头（人民币约 2200 元 / 个），打印尺寸为 252mm×199mm×150mm，发布之初属于当时的前沿产品，而今各方面均落后于其他机型，其智能喷头的价格与其同素质的打印机相当，性价比较低。

图 6: 纵维立方 CHIRON 大尺寸 3D 打印机（人民币约 3099 元 / 台），打印尺寸为 400mm×400mm×450mm，属于桌面级机型中打印尺寸非常大的，超出了比例模型制作者的正常需求。

图 7: 复志 Raise3D Pro3 Plus（人民币约 49999 元 / 台），打印尺寸为 300mm×300mm×605mm，采用双喷头系统，可区分模型主体与支撑材料。

图 8: 极光尔沃 A3S（人民币约 1980 元 / 台），成型尺寸为 205mm×205mm×205mm，操作简便，缺点是支撑较难拆除。

1.5.2　LCD 光固化打印机

　　LCD 光固化打印机对于模型制作者而言最具性价比，其具有最低廉的价格及非常高的成形精度，模型制作者们可以直接使用 LCD 机型打印的模型制作成品，极大地缩短了造型所消耗的时间。

图 9：纵维立方 PHOTONE MONO X 3D 打印机（人民币约 3999 元 / 台），打印尺寸为 192mm×120mm×245mm，最大打印速度为 60mm/h，屏幕分辨率为 4K，光源系统使用寿命为 2000h 以上，其成型尺寸属于 LCD 机型中较大的，非常适合比例模型玩家使用，是 SDARK 目前使用的机型，4.1 节中所使用的打印机便是这款。

图 10：纵维立方大尺寸清洗 / 固化机（人民币约 1349 元 / 台），篮筐清洗尺寸为 192mm×120mm×290mm、悬挂清洗尺寸为 192mm×120mm×235mm、固化尺寸为 190mm×190mm×245mm，前期经费不足时可使用普通铁桶浸泡模型，同样波长的紫光灯照射模型使其固化作为替代方案。

图 11：NOVA 3D Bene5 3D 打印机（人民币约 3149 元 / 台），打印尺寸为 130mm×80mm×150mm，最大打印速度为 55mm/h，屏幕分辨率为 2K，是该品牌的入门级产品，目前 Bene 系列历代机型已停产及下市，新机型的推出改正了曾经人们对于该品牌切片软件的坏印象，适中的价格及成形尺寸使它也非常适合供比例模型玩家使用。

图 12：闪铸科技 Voxelab 比邻星 3D 打印机（人民币约 999 元 / 台），打印尺寸为 130mm×78mm×155mm，最大打印速度为 50mm/h，屏幕分辨率为 2K，属于各品牌竞争价位下限的机型，适合新手入门使用，待后续技能成长后，再购入更昂贵的机器相互补充。

图 13：创想三维 LD-002H 3D 打印机（人民币约 1199 元 / 台），打印尺寸为 130mm×82mm×160mm，屏幕分辨率为 2K，属于各品牌竞争价位下限的机型，3.3 节的运输舱便是由该款 3D 打印机打印。

1.5.3　DLP（数字光处理）光固化打印机

DLP 成形技术可以达到极高的成形精度，其成本也相应较高，商业打印服务通常为 3 元 /g 及以上，前几年主要应用在牙科医学领域，近来部分研发机构注意到手办模型领域的需求，相继推出了针对其的机型。

图 14：联泰科技 π200（人民币约 228000 元 / 台），打印尺寸为 192mm×108mm×200mm，精细打印速度为 10mm/h，4.3 节的场景小品所使用的打印机便是这款。

图 15：纵维立方 PHOTON ULTRA（人民币约 4399 元 / 台），打印尺寸为 102.4mm×57.6mm×165mm，最大打印速度为 60mm/h，既是目前市面上价格最低的 DLP 机型 3D 打印机，也是该品牌推出的首款 DLP 机型 3D 打印机，在桌面级领域属于首款，适合对精度要求更高的比例模型制作者。

1.5.4　SLA（立体光刻）光固化打印机

SLA 成型技术特别适合用于大幅面 3D 打印机，受到工业生产领域的青睐。

图 16：Formlabs Form3L SLA 3D 打印机（人民币约 135000 元 / 台），成形尺寸为 335mm×200mm×300mm，该成形尺寸属于桌面级光固化（包括 LCD、DLP、SLA 成形方式）机形中最大的，超过了常规比例模型制作者的需求范围，适合 3 人以上的模型工作室使用。

图 17：联泰科技 Lite600（人民币约 650000 元 / 台），成形幅面为 600mm×600mm，是现今大多数工厂使用的 SLA 机型，其旗下控股公司优联智造便是使用该机型组成一定规模的厂房进行生产。4.3 节的战舰内部建筑所使用的打印机便是这款。

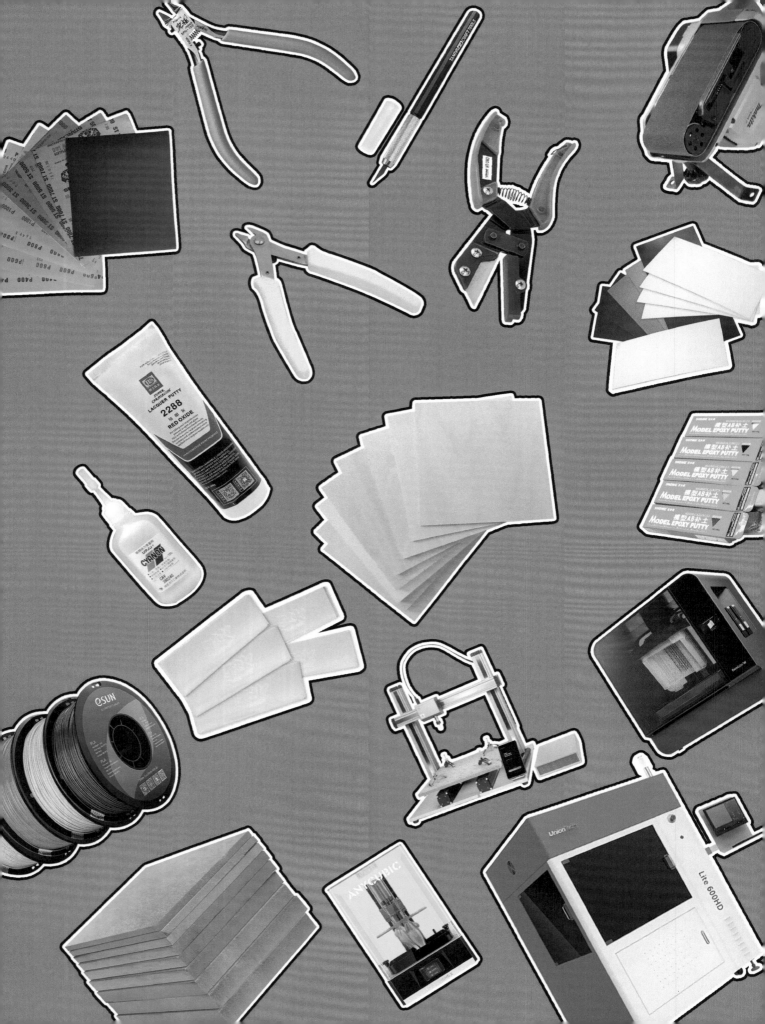

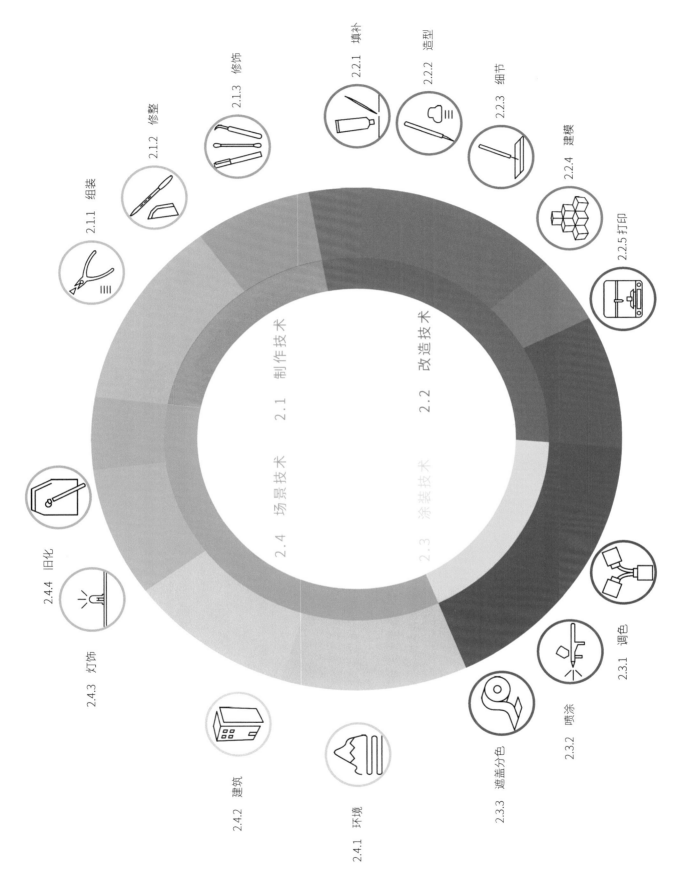

2.2.1 填补

2.2.2 造型

2.2.3 细节

2.2.4 建模

2.2.5 打印

2.1.3 修饰

2.1.2 修整

2.1.1 组装

制作技术 2.1

改造技术 2.2

场景技术 2.4

涂装技术 2.3

2.3.1 调色

2.3.2 喷涂

2.3.3 遮盖分色

2.4.1 环境

2.4.2 建筑

2.4.3 灯饰

2.4.4 旧化

第2章 造型与场景技术讲解

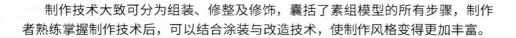

2.1　制作技术

制作技术大致可分为组装、修整及修饰，囊括了素组模型的所有步骤，制作者熟练掌握制作技术后，可以结合涂装与改造技术，使制作风格变得更加丰富。

2.1.1　组装

①**假组**。仅仅是为了检查或调试而组装，并不算最终完成作品。最后完成前的每一次组装都可以称之为假组。

②**修整**。无论是注塑模型、硅胶翻模模型，还是 3D 打印模型，都无法避免或多或少的工艺缺陷，需要制作者用砂纸等工具改善。

③**改造**。无论是大刀阔斧地将模型改得面目全非，还是润物细无声地将模型进一步精细化，在原有基础上修改造型或比例，以此达到制作者的目的，就是改造。

④**涂装**。模型涂装分为用喷笔喷涂，或用笔刷笔涂。而制作者通常对高达模型采用喷涂。

⑤**遮盖分色 / 笔涂补色**。勾勒模型的细节部分，遮盖分色可以获得更加工整的涂层，笔涂补色可以获得更加细腻的表现。

⑥**渗线**。将珐琅漆流入线槽，并擦除多余的部分。珐琅漆也可以在这步用于旧化涂装。

⑦**水贴**。将装饰用的警示贴纸按照一定的分布规律粘贴。

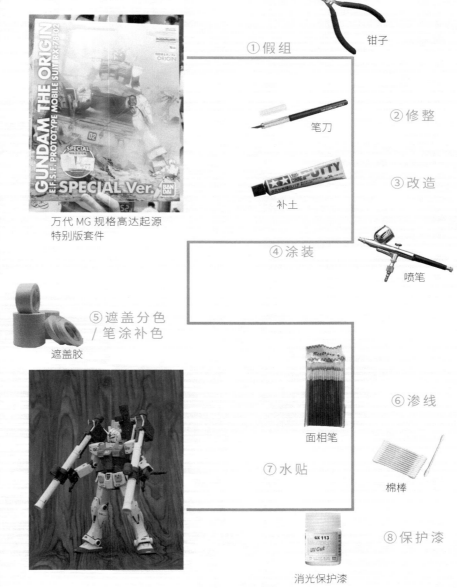

万代 MG 规格高达起源特别版套件

① 假组

钳子

② 修整

笔刀

③ 改造

补土

④ 涂装

喷笔

⑤ 遮盖分色 / 笔涂补色

遮盖胶

面相笔

⑥ 渗线

⑦ 水贴

棉棒

⑧ 保护漆

消光保护漆

⑧**保护漆**。根据需要可喷涂光泽保护漆 / 半光保护漆 / 消光保护漆中的一种。

涉及页码：36、38、53、58、63、105、126

2.1.2 修整

图1和图2：硅胶翻模模型因为其受限于手工行业的瓶颈，无法发展出大型的跨国公司，所以质量随着不同的作坊手艺的高低而飘忽不定。制作者需要根据工作室的口碑判断模型零件的质量，通常情况下质量和价格成正比。质量较好的硅胶翻模模型除了水口较大、韧性较低以外，几乎可以媲美注塑模型；质量较差则有变形或表面细节模糊等现象。

图3~图8：注塑模型产品工艺是相对而言最好的，所以修整的难度最低，绝大多数制作者会选择注塑模型去制作，而其中万代模型的制造水平走在了世界前沿，制作者可以不准备胶水、锉刀等材料即可制作。但仍需处理分模线、缩胶、水纹等常见的工艺缺陷。

3D打印模型的品质受材料、设备、温度、湿度、切片软件等影响。成熟的3D打印公司可以将影响品质的因素尽可能控制，长期保证稳定的水平。3D打印的模型通常会相较于原有模型数据轻微膨胀，空心的光固化模型在打印后比较容易开裂。用FDM技术打印的模型有比较明显的打印纹。通常的做法是用FDM打印看不见的内部结构，用光固化打印需要美观的外部结构，光固化又分为SLA\LCD\DLP等。

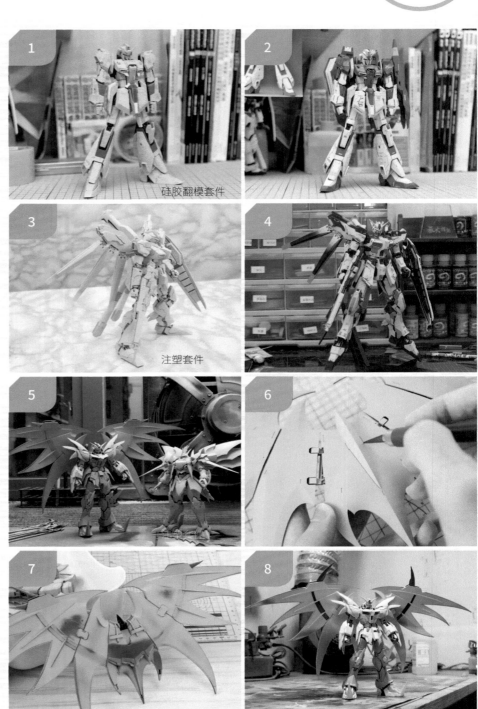

1

2 硅胶翻模套件

3 注塑套件

4

5

6

7

8

涉及页码：37、39-42、49-50、53、58-60、63、74-75、85-90、105、117-118

2.1.3　修饰

修饰步骤主要包括三大"法宝"——渗线、水贴、保护漆。

无论作品前期的制作工艺及风格是什么，最后的步骤必将是该三项。

渗线： 需准备的材料：煤油、棉棒、面相笔、稀释过的珐琅漆等。先用面相笔将珐琅漆流入刻线内，入口处会残留1mm大的墨点，待所有刻线均流过珐琅漆后，使用棉棒蘸取煤油将残留墨点擦除。

水贴： 需准备的材料：水贴、棉棒、牙签、镊子等，如果要粘贴在大型曲面造型上，或水贴黏性不足，则可以另外使用水贴软化剂。

万代模型附带的水贴通常黏性不足，粘贴后容易蹭掉，影响模型制作效率。选购水贴时，优先购买已推出系列产品的第三方厂家，这种水贴往往黏性牢靠，不容易掉落。

保护漆： 分为透明光泽保护漆、透明半光保护漆和透明消光保护漆，涂装了保护漆的模型漆面具有更强的耐久度，也有防紫外线及耐刮特性的保护漆可供选择。

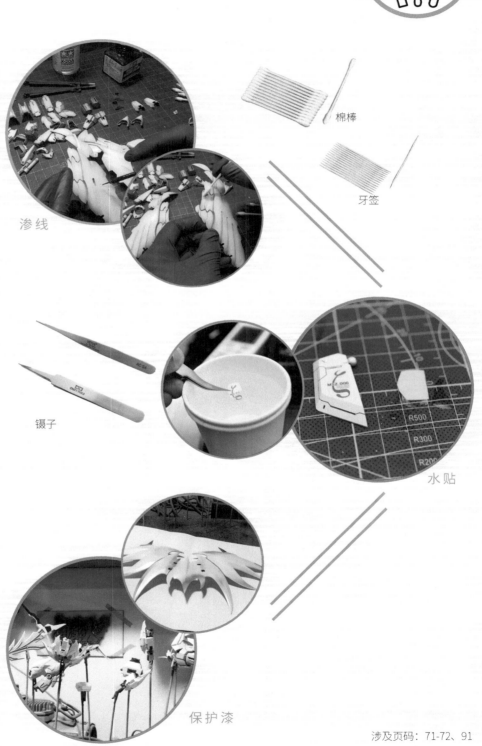

棉棒

牙签

渗线

镊子

水贴

保护漆

涉及页码：71-72、91

2.2 改造技术

　　改造技术大致可分为填补、造型、细节、建模、打印，本书第3章列举了三件改造实例，为大家分别从以上方面展开讲解。

2.2.1 填补

　　填补看似是一项可有可无的技能，实则关乎改造能否顺利进行。

　　根据缺口的大小，我们选用不同流动性及硬度的填充材料。

　　缺口小的情况下，使用乐泰495胶水、502胶水、乐泰480胶水等，其中，乐泰480胶水添加了黑色硅胶成分，可以填补更大的缝隙。

　　缺口更大时，可以在胶水中添加粉末（如：爽身粉），以此降低流动性，填补更大的缝隙。

　　胶水无法满足需求时，则需要改用补土或乐泰454啫喱型胶水，其中，田宫光固化补土仅需光线照射即可快速固化，操作体验好且昂贵；田宫牙膏补土最常用，少量使用时最佳；乐泰454啫喱型胶水干燥前流动性好，干燥后硬度高，但使用完一段时间会沿着瓶口固化，需要剪掉一截才能使用；杜邦红灰便宜且量大，但气味最重，需要在通风口使用，使用手感和田宫牙膏补土接近。

　　需要堆砌造型时，可以在模板中填充保丽补土，或直接用AB补土堆砌。

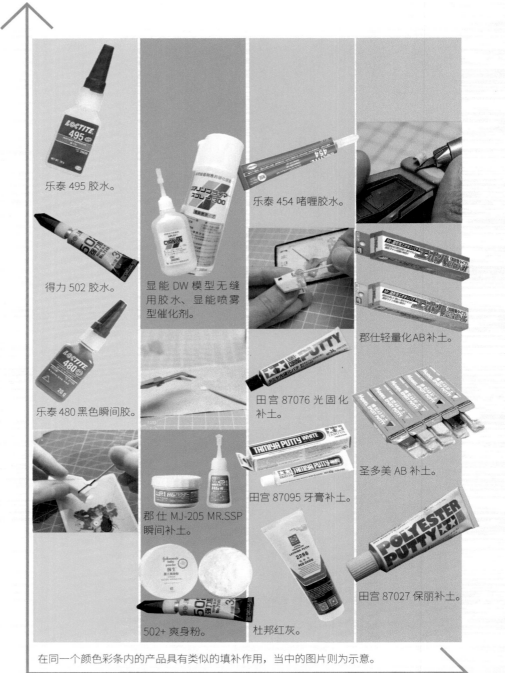

乐泰495胶水。

得力502胶水。

乐泰480黑色瞬间胶。

显能DW模型无缝用胶水、显能喷雾型催化剂。

郡仕MJ-205 MR.SSP瞬间补土。

502+爽身粉。

乐泰454啫喱胶水。

田宫87076 光固化补土。

田宫87095 牙膏补土。

杜邦红灰。

郡仕轻量化AB补土。

圣多美AB补土。

田宫87027 保丽补土。

在同一个颜色彩条内的产品具有类似的填补作用，当中的图片则为示意。

填缝小　　　　　　涉及页码：39、49-50、53、75、117　　　　　　填缝大

2.2.2　造型

造型技术，分为使用 AB 补土及胶板的手工造型技术，以及使用建模软件的数字造型技术。

其中，使用胶板层层堆叠、箱组对应 SketchUp 的建模思路；使用 AB 补土捏造型、雕刻对应 Zbrush 的建模思路；使用锉刀、笔刀对 AB 补土及胶板切削挫磨，对应 UG NX 的建模思路。

SketchUp 及 ZBrush 软件的学习难度低，与现实中堆砌胶板及补土的操作遥相呼应；UG NX 软件的学习难度高，与现实中难以掌握的切削挫磨技术如出一辙。ZBrush 软件更多应用于手办模型领域，可以制作场景中的小动物、人物等；SketchUp 可以将模型的表面分开导出，适合制作建筑物及造型棱角分明的大体积模型；UG NX 是参数化建模软件，功能命令丰富多样，适合制作精细的机械模型。

手工造型技术与数字造型技术相辅相成，数字造型技术降低了制作模型的门槛，让更多年轻的制作者加入，但最终模型的呈现效果离不开手工造型技术的功底。

涉及页码：43-44、60-63

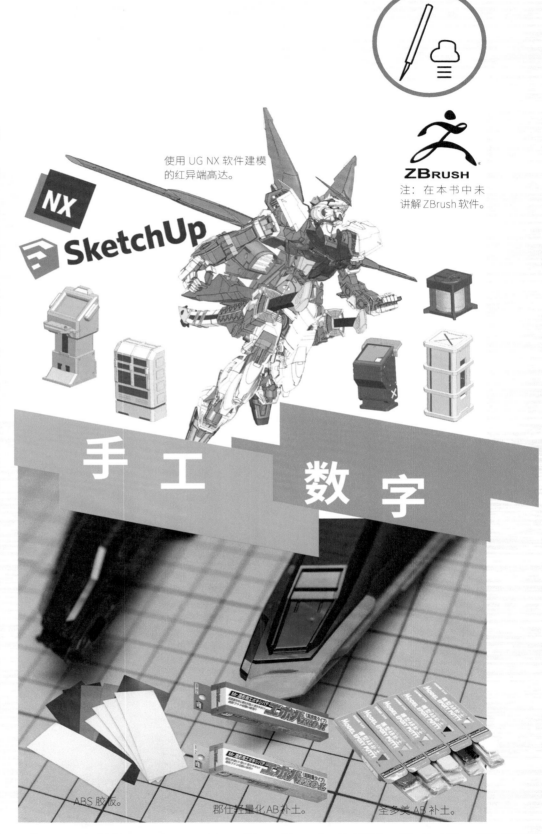

使用 UG NX 软件建模的红异端高达。

注：在本书中未讲解 ZBrush 软件。

手　工

数　字

ABS 胶板。

郡仕轻量化 AB 补土。

全多美 AB 补土。

2.2.3　细节

细节技术是营造真实感的关键，可以决定模型的整体风格，也有许多制作者不添加模型细节，而用造型风格或涂装风格区别于其他作品。

无论是使用刻线刀刻线、粘贴塑料补品或金属补品，只是初级的细节改造，终究还是繁化了模型原有的设计，容易引起视觉疲劳。水平较高的制作者通常会在重制细节时一并修改造型，这在过去相当耗时耗力，且受限于个人的精力及细节补品的造型，导致许多制作者无法靠双手实现天马行空的幻想。

引入数字造型技术后，可以在建模的同时制作细节，待激光切割或 3D 打印完成后，再使用砂纸及刻线刀修整即可。若实体模型制作到一定进度时，还想添加细节，则可以再用传统的刻线技术添加刻线，效率相较于以往大幅提升。

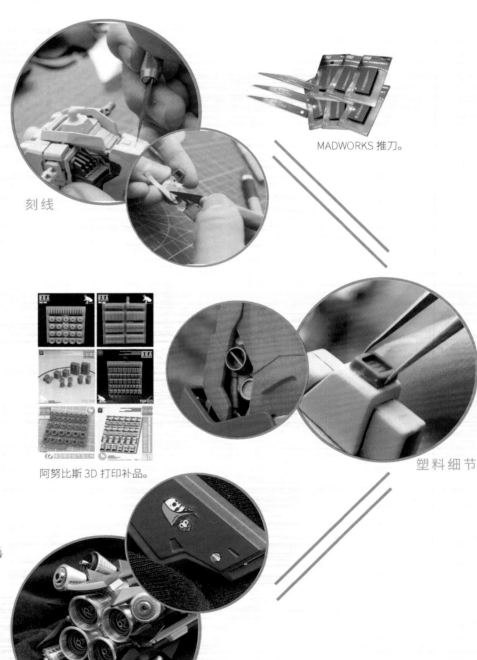

MADWORKS 推刀。

刻线

阿努比斯 3D 打印补品。

塑料细节

金属细节

使用 UG NX 软件建模海盗高达的零件。

涉及页码：51-53、61-63

2.2.4　建模

建模软件大致可分为两大类，分别是参数严谨、设计规范的参数化建模软件，这类软件对模型的编辑更加精细、烦琐，适合已经有准确图纸的场合，及以素描、手绘图案为基础的手绘建模软件，这类软件具有更高的自由度，可以在很短的时间内做出大致造型，适合对细节要求不高的场合。

制作者通常要在两种类型的软件中各掌握一款，使用参数化建模软件制作精细度要求高、画好图纸或有参考图样的模型；使用手绘建模软件制作场景及精细度要求不高的模型。

UG NX 软件的文件建模步骤可以被回溯，制作者可以进入任何一个步骤重新编辑，所以我们将 4.3 节中战舰内部的模型步骤分解，并在第 5 章详细讲解。参数化建模软件的基础命令大致相同，使用 creo、Autodesk inventor、SolidWorks 或 CATIA 也可以。

手绘建模软件则自由得多，无论多少次修改，都不会增加运算量，3.3 节的运输舱、4.1 节的啦啦宝都商场、4.3 节的战舰室内场景均使用 SketchUp 建模，除了 3D 打印输出模式外，SketchUp 还可以将表面拆开导出切割图纸，用于胶板搭建实体模型。

涉及页码：73、83、89、114、133-201

4.3 节所展示的战舰生活空间使用 SkerchUp 软件建模。

本书中未能详细讲解的其他建模软件，如 Autodesk 3DS MAX、ZBrush、Rhinoceros。

参数化建模　手绘　建模

5.9 节所展示的太空载具原型参考电影《机动战士高达 Z》使用 UG NX 软件建模。

本书中未能详细讲解的其他建模软件，如 creo、Autodesk inventor、SolidWorks、CATIA。

2.2.5 打印

3D 打印也称为"增材制造"，是一种区别于传统"减材制造"的制造方式。根据使用的技术、材料不同，模型制作者通常使用 FDM、LCD、SLA、DLP 技术。

FDM 技术及 LCD 技术是常见的家用机技术，单机的价格可以低至人民币 1000 元左右，其中 FDM 技术成品外观粗糙、结构牢固、性能稳定，适合用于模型验证，不适合直接作为模型产品，无表面工艺要求的情况除外；LCD 技术打印模型的表面精细程度可以媲美 DLP 技术，也可以直接作为产品用于后期加工，缺点是相比 FDM 技术更难维护。

LCD 技术维护难，主要体现在耗材、设计及屏幕，LCD 使用的光敏树脂，除了特别说明是水洗的以外，均需使用酒精清洗；LCD 打印的模型通过材料自身的吸附能力依附在平台上，再向上"拉"出模型，这个过程需要克服重力，经常因为模型或支撑设计缺陷而掉入料槽；LCD 成形过程中，LCD 屏会断断续续地照射，产生大量高温，对 LCD 屏产生很大的伤害，使用寿命快速降低。

SLA 技术机型是目前普遍使用的商用技术，我们在网上选购打印服务时，商家使用的则是这种技术，SLA 技术的发生仪器使用寿命更长、幅面更大、精度较高，非常适合工厂使用。

DLP 技术是一种高端家用机技术，DLP 机型往往价格在人民币数万元左右，使用上与 LCD 机型基本一致，区别在于成形精度更高，所用发生仪器的使用寿命更长。

涉及页码：73、79、90、110、115-116

更快

FDM
熔融堆积成形
速度慢，粗糙。

snapmaker A350。

LCD
液晶显示
速度较快，精细。

纵维立方，
photon mono X。

Formlabs 3L。

DLP
数字光处理
速度快，很精细。

联泰科技 π200。

SLA
立体光刻
速度适中，较精细。

更精细

2.3　涂装技术

涂装技术大致可分为调色、喷涂、遮盖分色，练习涂装技术的过程与绘画类似，起初先阅览大量作品，再从中挑选临摹，慢慢发展出自己的风格。

2.3.1　调色

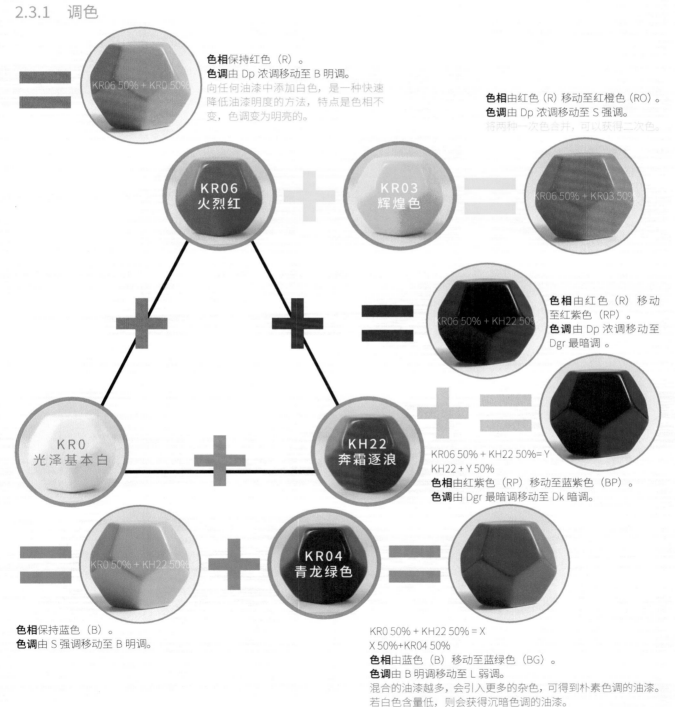

色相保持红色（R）。
色调由 Dp 浓调移动至 B 明调。
向任何油漆中添加白色，是一种快速降低油漆明度的方法，特点是色相不变，色调变为明亮的。

色相由红色（R）移动至红橙色（RO）。
色调由 Dp 浓调移动至 S 强调。
将两种一次色合并，可以获得二次色。

色相由红色（R）移动至红紫色（RP）。
色调由 Dp 浓调移动至 Dgr 最暗调。

KR06 50% + KH22 50%= Y
KH22 + Y 50%
色相由红紫色（RP）移动至蓝紫色（BP）。
色调由 Dgr 最暗调移动至 Dk 暗调。

色相保持蓝色（B）。
色调由 S 强调移动至 B 明调。

KR0 50% + KH22 50% = X
X 50%+KR04 50%
色相由蓝色（B）移动至蓝绿色（BG）。
色调由 B 明调移动至 L 弱调。
混合的油漆越多，会引入更多的杂色，可得到朴素色调的油漆。
若白色含量低，则会获得沉暗色调的油漆。

2.3.2　喷涂

对于入门或低频制作者，推荐使用模型专用气泵，是因为工业用气泵的气压相对于小巧的模型零件来说，气压过大，容易造成失误。

起动气泵后，压缩空气经由气管传输至喷笔，模型用喷笔及模型用气泵的气管接口皆为 1/8 接口，可以直接用 1/8 螺纹口的气管进行连接。

喷漆过程中，有一部分的漆雾并不会附着在零件上，而是逸散在空气中，这时候需要强力的排风扇将其抽离至室外，以此来保证人员及零件的安全。

当人数进阶为 2 人或以上，或涂装风格需要一次性使用 2 支以上喷笔时，推荐使用工业气泵配合优速达 UA-90055。首先安装一枚 1/4 转 1/8 的转接五金件至奥突斯气泵出气口，然后使用气管将奥突斯气泵与优速达 UA-90055 相连，如此一来便可同时使用四支喷笔。

喷笔方面，推荐国产 HD-130 及类似喷笔作为新手练习笔及老手备用笔，郡仕 PS289 及类似喷笔作为新手进阶笔及老手常用笔。

涉及页码：64-65、69、74、89-90、118-120

狐火御调漆 KR06 火烈红。

岩田的 CM-CP2，口径为 0.23mm。

可以固定在定制框架上的排风扇。

浩盛的 AS18-C（人民币约 360 元），适合个人使用，装在书包里也可以往返携带于教室与宿舍之间。笔者刚开始读中专的前两年，就是平时放学在教室后面喷漆，到周末再把气泵带回宿舍喷漆。现在去一些展会摆摊时，也会背着书包装着这种大小的气泵去现场使用。

岩田的 IS-975SH（人民币约 3200 元），适合预算较高的个人制作者。

优速达 UA-90055。

奥突斯的荣耀 550W-30L（人民币约 355 元），其气压可供多达 4 支以上喷笔同时使用，适合工作室或个人进阶使用，缺点是噪声较大。

2.3.3　遮盖分色

　　"遮盖分色"及"笔涂补色"是常被新手忽略的步骤，切忌忽略一个零件需要涂装两种以上颜色的场合。

遮盖分色

　　需准备的材料：遮盖胶带、镊子、笔刀、牙签等，对于简单的造型，可以将遮盖胶带粘贴在切割垫上，然后用笔刀将其切割成均匀的平行四边形，再使用镊子夹取切割好的遮盖胶带，将无须喷涂的部分遮盖；对于复杂的造型，可以将遮盖胶带粘贴在模型零件上，然后用笔刀切割颜色的分界线，再将需要喷涂处的遮盖带取下。

笔涂补色

　　需准备的材料：水性漆（水溶型水性漆或乳浊液型水性漆皆可）、面相笔、棉棒、稀释剂或酒精等。使用面相笔将对应颜色的水性漆涂在需要分色的区域，对于涂装后的模型，溢出的部分使用棉棒蘸取酒精擦除即可；对于未涂装的模型，也可以待油漆干燥后用笔刀轻轻刮除。

　　图 1 为 F91 高达、图 2~图 5 为 3.1 的 Z 高达、图 6~图 10 为 4.1 的自由高达、图 11 和图 12 为高达（起源版）。

涉及页码：68、70、89、119-120

2.4 场景技术

场景技术大致可分为环境、建筑、灯饰、旧化，比例模型制作者更侧重旧化营造的写实感，商业楼盘模型更侧重建筑及灯光，景点观光模型更侧重环境制作表现山水地貌，建筑设计则更侧重建筑结构验证。

2.4.1 环境

场景胚子通常使用挤塑板、KT板、聚氨酯板、雪弗板、ABS板制作，大多数情况下仅使用挤塑板或聚氨酯板制作。需要薄板材制作细微的地形起伏，或制作切割模板时，使用KT板制作；需要硬板材架设中空结构时，使用雪弗板制作；需要平整的硬表面供雕刻或涂装时（例如马路、人行道等），使用ABS板制作。

制作完场景胚子后，将非人造表面（沥青马路、水泥地、石砖地面等）的部分均匀涂上石膏或泥子，表现出石头或泥土的质感。

场景模型中的海洋和湖泊通常使用AB型滴胶制作水体、使用水景膏制作海浪。AB型滴胶是一种环氧树脂，使用前是黏稠状液体，固化后与透明亚克力的质感相似；水景膏是一种膏状物质，用笔刷涂抹后，接触空气干燥1~2天就会固化。

哔哩哔哩弹幕网账号@ThalassoHobbyer是一名滴胶艺术家，其创作的滴胶艺术品时而具有很强的冲击力，时而充满奇妙的氛围感。

牙签

挤塑板

得力胶枪

美工刀

地形

石膏粉

地质

水景

AB型滴胶

涉及页码：94-95、97-103、126-130

2.4.2　建筑

出于成本及效果的考量，往往采用分解几何体的立面并用板材制作。激光切割机或CNC切割机是必不可少的加工手段，否则传统手工切割只能切割少量、薄的板材，会限制作品的发挥。

制作者面对激光切割，与3D打印一样面临类似的选择情境，若想随时、少量使用，则购买千元的家用机；若想高质量、大批量快速获取工件，则可以按需付费给大型公司委托制作，通常大型公司的机器在数万元到数十万元不等。

个人制作者通常以委托切割或到机构切割为主要方式，因为万元以下的机体通常无法达到模型制作者的软硬件要求。

委托切割适合不方便接触到机构的制作者，只要将文件排版好发送至商家，并注明材料类型及厚度，根据报价支付费用即可。

到机构切割通常是去大学或公共的创客空间等。例如上海蘑菇云创客空间、上海新车间、深圳柴火创客空间、Fablab（国内该创客空间为同济大学的 Fablab），虽然是官方授权，但与国际上同品牌的运营模式不同，其主要面向青少年教学。）等，通常这类创客空间为会员收费制度，面向全年龄段的创客（包括模型制作者），人民币参考价为100 元 ~600 元每月不等。

涉及页码：76-77、83-89、95、106-112

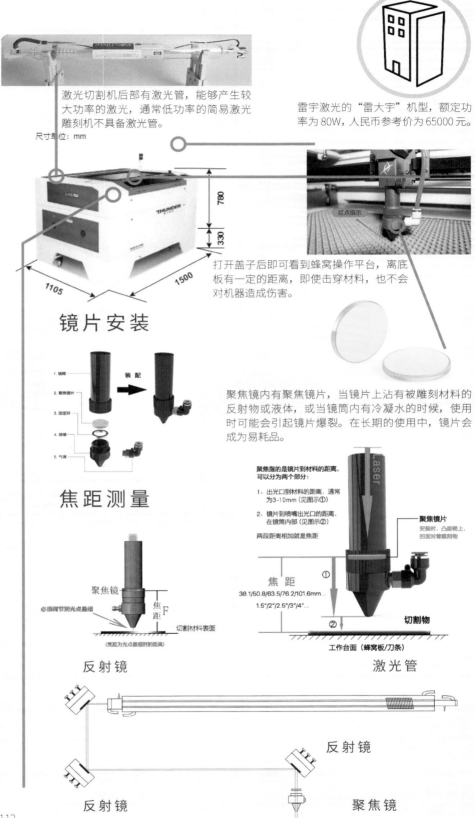

激光切割机后部有激光管，能够产生较大功率的激光，通常低功率的简易激光雕刻机不具备激光管。

尺寸单位：mm

雷宇激光的"雷大宇"机型，额定功率为80W，人民币参考价为65000元。

打开盖子后即可看到蜂窝操作平台，离底板有一定的距离，即使击穿材料，也不会对机器造成伤害。

镜片安装

1. 镜筒
2. 聚焦镜片
3. 固定环
4. 滤嘴
5. 气嘴

装配

聚焦镜内有聚焦镜片，当镜片上沾有被雕刻材料的反射物或液体，或当镜筒内有冷凝水的时候，使用时可能会引起镜片爆裂。在长期的使用中，镜片会成为易耗品。

焦距测量

聚焦镜

必须调节到光点最细

焦距F

切割材料表面

（焦距为光点最细时的距离）

反射镜

聚焦指的是镜片到材料的距离，可以分为两个部分：

1、出光口到材料的距离，通常为3~10mm（见图示①）

2、镜片到喷嘴出光口的距离，在镜筒内部（见图示②）

两段距离相加就是焦距

聚焦镜片
安装时，凸面朝上，凹面对着雕刻物

焦距
38.1/50.8/63.5/76.2/101.6mm...
1.5"/2"/2.5"/3"/4"...

切割物

工作台面（蜂窝板/刀条）

激光管

反射镜

反射镜

反射镜

聚焦镜

2.4.3 灯饰

图1和图2：30AWG 的皮线，图中所示的产品仅需使用指甲即可将胶皮掐掉，非常方便。

注：AWG 是一种表示电线粗细的单位，数字越大，电线越细，为比例模型加灯通常使用 30AWG 或 32AWG 的电线。

排线时通常采用白色及暖色作为正极、黑色及冷色作为负极，常见的组合有红黑、红蓝、黄绿、白黑，笔者选择了白色作为正极、紫色作为负极。

图3：方寸景按压式接线端子，是一种可以在不焊接的情况下连接线路的配件，常安装于场景模型底座的镂空部分，可以方便后期检修及修改线路。

图4：32AWG 的两头预加锡皮线，以固定的长度裁切好并售卖的一种规格，适合批量预制贴片 LED 灯。

图5：金属按钮开关，适合有一定空间容量的场景底座。

图6：3V 电源，适合连接贴片 LED 灯使用。

图7：预焊接贴片 LED 灯，价格在一元一个左右，推荐购买 0805 尺寸。

图8：贴片 LED 灯，需要自己焊接，价格在 1 元 50 个左右，推荐购买 0805 尺寸。

图9：焊锡丝是焊接必备的材料，其质量好坏对焊接结果有很大的影响。

图10和图11：焊锡浆一般用镊子或牙签取少量使用，包装与助焊剂往往类似，需注意区分。

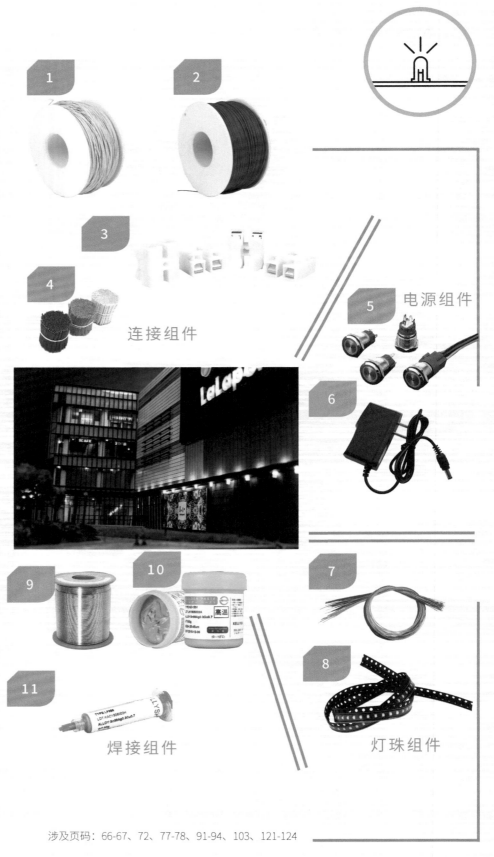

连接组件

电源组件

焊接组件

灯珠组件

涉及页码：66-67、72、77-78、91-94、103、121-124

2.4.4　旧化

旧化往往采用珐琅漆或水性漆绘制，这种旧化涂层不会与硝基漆的涂装涂层互溶，可以用对应的溶剂擦除且不伤害硝基漆涂层。

旧化目的在于表达时间、经历、使用感等，首先需要确定作品所处的地理环境及作品本身的假想材质。例如图 12~图 21 中的巴巴托斯高达，其材质是金属，使用环境是火星，由此想象出金属材质的机器人在火星环境使用后的样子，便是本次旧化的目标。

推荐额外观看哔哩哔哩弹幕网的两个视频学习旧化，一个是 @RAY 的模型世界于 2022 年 1 月 3 日发布的《10 分钟学会模型旧化掉漆！就这么容易！第 19 期，掉漆教程》；另一个是 @ 肯德基怪叔叔于 2017 年 11 月 7 日发布的《基叔陪你玩模型旧化实例——沙漠高达》。

涉及页码：91、95、130

第 3 章　模型改造实例

3

模型师们花费大量的心血改造高达模型后，由于步骤烦琐，很难重复制作，使得每件成品价格昂贵，收藏者们面对高昂的价格望而却步。于是人们利用硅胶制作模具，以此方法批量复制零件，就可以得到价格合适的定制模型，也就是 GK 改件。而 GK 改件也成了高达模型师们分享作品的一种传统方式。

高达模型风靡的数十年间，涌现了一批又一批优秀的高达模型师，其中以制作 GK 改件为主要工作的人又被称为原型师。在过去，原型师们使用胶板及补土，花费大量的时间为模型修改比例及造型，本节借由 Daniel 死神制作的 Z 高达，为大家讲解购买 GK 改件后将如何制作。

现今，原型师们基本使用建模软件与 3D 打印制作原型，造型与结构的想象空间被进一步突破。

3.1　GK 改件制作：Z 高达

3.1.1　树脂模型（Garage kit）

图 1：Garage kit 直译过来是手工套件或者是车库套件，缩写便是我们常说的 GK 改件。在业内，我们一般称之为 GK 改件或树脂模型，"树脂"一词与"塑料"原本为同义词，但因为业内的使用习惯，通常用"塑料模型"指代"在工厂使用注塑成型技术生产的大批量套件"，俗称"射出件"。而用"树脂模型"指代"在工作室使用硅胶翻模生产的小批量套件"。

图 2：GK 改件与射出件不同，其没有规整的流道，所以采用了分格的塑料袋包装。

图 3：GK 改件会附带作者涂装的实例供制作者参考。

图 4 和图 5：GK 改件通常由业余玩家参考说明书制作，风格参差不齐，需要一定的模型制作基础才能制作。

图 6~ 图 8：硅胶翻模生产的零件表面有大量脱模剂，对后续制作有很大的影响，需要使用溶剂清洗掉。

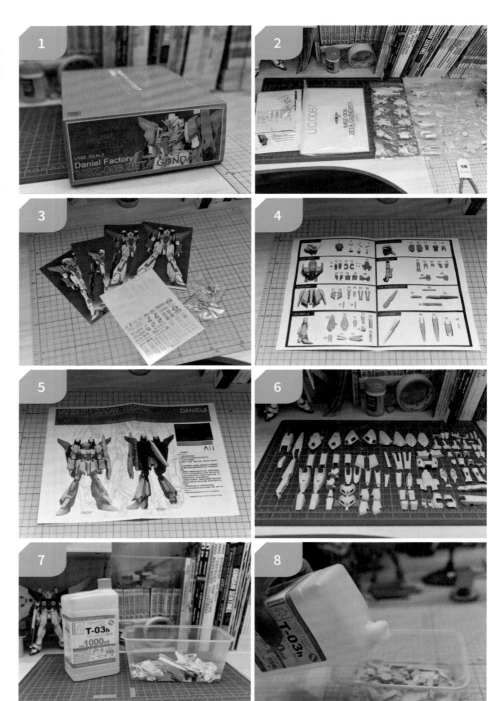

3.1.2　零件矫正

图 9~图 11：使用硅胶模具的 GK 改件与使用钢制模具的射出件不同，由于硅胶模具很软，脱模过程中若零件余热未消，可能会产生轻微变形。

图 12：使用遮盖胶带将零件强行捆扎，这种遮盖胶带是用于遮盖涂装用途的，不会在零件表面留下残胶。

图 13：用沸腾的开水浸泡零件。

图 14：沥干模型的水分。

图 15 和图 16：矫正效果对比图。

利用塑料遇热变软的效果，还可以用于弯曲光剑特效件。

这也提醒了制作者，不要使用热风模式的吹风机对着模型吹；将喷好漆的模型放入烘箱干燥时，要远离进风口，避免模型变形。

图 17~图 19：专业的模型师通常将"假组"作为制作模型的第一步，通过观察立体的造型，可以对之后的步骤做出判断。

图 20：如果想制作出图中的效果，就继续学习之后的步骤吧。

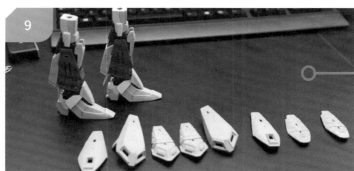

虽然原件没有问题，但是翻模后的"翻件"有时候会有零件变形的情况。

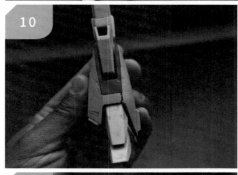

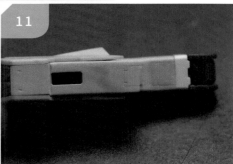

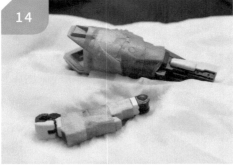

使用开水让零件变形，趁零件还未冷却时，对其进行矫正。

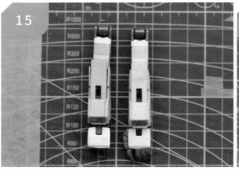

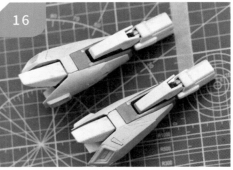

假组，也就是并不真正组合起来，尽量不固定零件，方便后期拆开的组合方式。

3.1.3　处理"狗牙"

图 21~ 图 23：与射出件规整的分模线不同，硅胶模具的接合处往往会有不同程度的磨损，这就会使零件成形后出现更加严重的分模线，俗称"狗牙"。

图 24：使用显能 DW 无缝用胶水，在零件缺陷处涂抹，以此填补缝隙。

这种胶水非常昂贵，也可以使用以下两种方式中的一种代替：

① 爽身粉混合瞬间胶。

② 乐泰 480 胶水。

图 25：使用显能喷雾型固化剂，缩短胶水固化时间。

图 26~ 图 28：以 400 号的砂纸配合打磨板将零件打磨平整，切忌使用砂纸直接打磨，柔软的砂纸会破坏零件的造型。

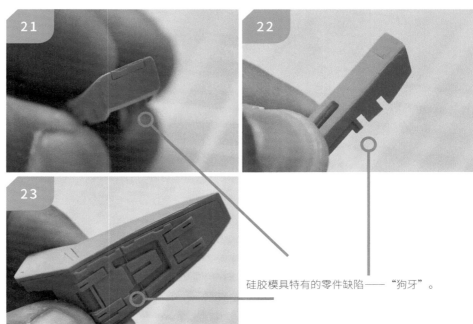

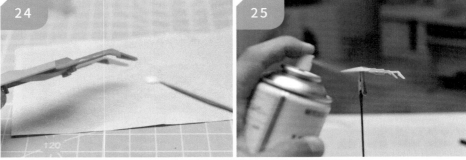

硅胶模具特有的零件缺陷——"狗牙"。

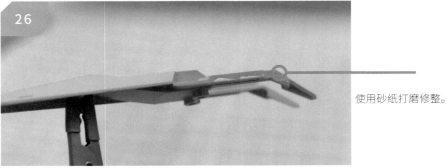

使用砂纸打磨修整。

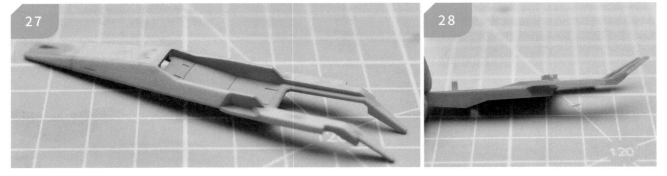

3.1.4 镊子配砂纸

图 29：将 400 号砂纸裁切成宽 3mm、长约 5~6mm 的长度。图中使用了田宫 74047 弯头镊子，这种镊子的优点是又厚实又尖锐，相比较又厚又粗的笨重或又薄又尖的脆弱有很大的优势。该镊子与田宫 74048 直头镊子、维特斯 AC-SA 直头镊子、喵匠 HMT-102 折头镊子都很适合用于高达模型涂装与改造环节。

图 30~ 图 34：将砂纸折叠后，可以伸到打磨板难以打磨的位置。

+ 图 35：打磨后的效果。

3.1.5 加深刻线

图 36：使用 0.125mm 的刻线刀加深原有的刻线。

图 37：加深刻线后再继续使用砂纸打磨，可以避免破坏零件原有的细节。

图 38：盾牌部分零件修整完毕的效果。

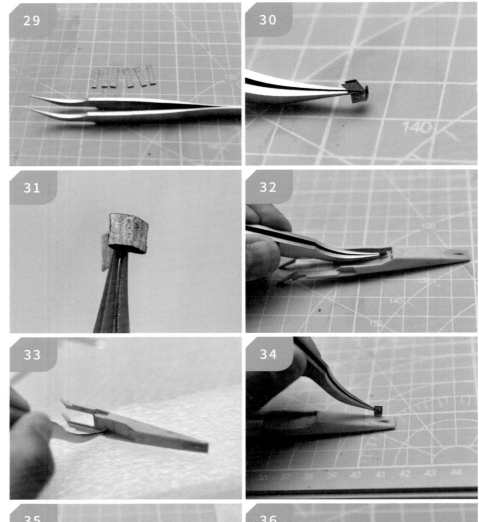

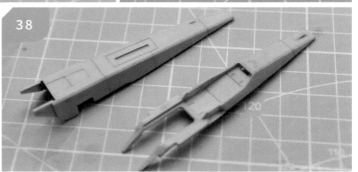

3.1.6　零件锐化

图 39：图片左侧是没有锐化的肩甲零件，图片右侧是锐化后的零件。零件打磨前需要喷涂一层水补土，方便观察零件打磨的进度，打磨完成后就可以看到右侧补土全部被磨掉并露出零件本色的效果。

图 40：如果是入门的模型制作者，只锐化天线零件就足够了。

图 41：手臂零件打磨前后对比，左侧为未打磨，右侧为打磨后。

图 42~ 图 43：脚掌零件打磨前后对比，左侧为打磨后，右侧为未打磨，右侧零件边缘处的白色为前文提到的显能DW 无缝用胶水。

图 44：脚掌零件后半部分。

图 45~ 图 47：打磨方式并不局限于打磨板或者镊子配砂纸，还可以利用任何物品。

图 48~ 图 51：全件打磨非常消耗时间，但却是高质量作品必不可少的环节。

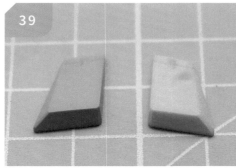

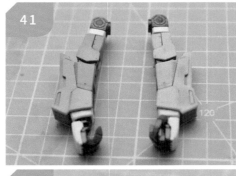
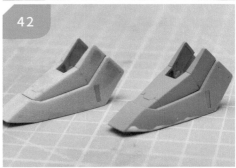
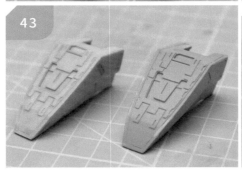

打磨一个零件，可以将一种砂纸变化出不同的造型，以此应对不同的位置，这种打磨板可以用激光切割轻松获得。

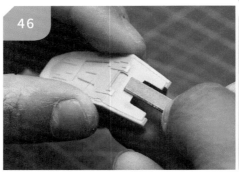
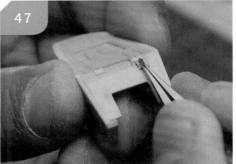

48

全件打磨完成后的模型具有极高的工整度。

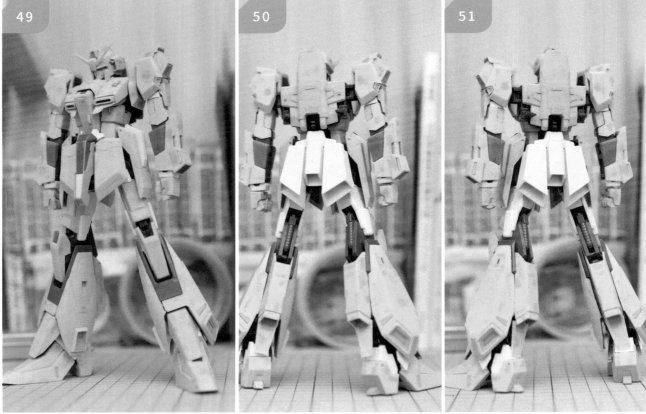

49

50

51

3.1.7　胶板改造

图 52：将 5cm 宽幅的遮盖胶带贴在切割垫上，使用铅笔描出零件的轮廓。

现今，可以在 AutoCAD 软件内绘制图案，直接使用激光切割机加工。

图 53：用镊子夹取切出的图案。

图 54：将图案黏在 0.5mm 的胶板上，0.5mm 的胶板很容易切割，即便是用剪刀也可以剪开，所以用于制作模板。

① 0.3mm：用手可以撕开。

② 0.5mm：用剪刀足以剪开。

③ 1mm：手工改造常用厚度，用笔刀刻下纹路后，可以用手进一步掰开。

④ 2mm：用笔刀难以切开，刀具磨损较快。但却是激光切割常用的厚度。

⑤ 3mm 及以上：难以用简易的手工工具加工，必须使用激光切割机或 CNC 雕刻机等。

图 55：用手工制作的模板不易保存，使用过程中可能会有损耗。大家以 CAD 图纸的形式代替，方便加工及复制。

图 56~ 图 61：使用 1mm 的胶板将模板复制，经过打磨后，粘贴到胯部零件上。

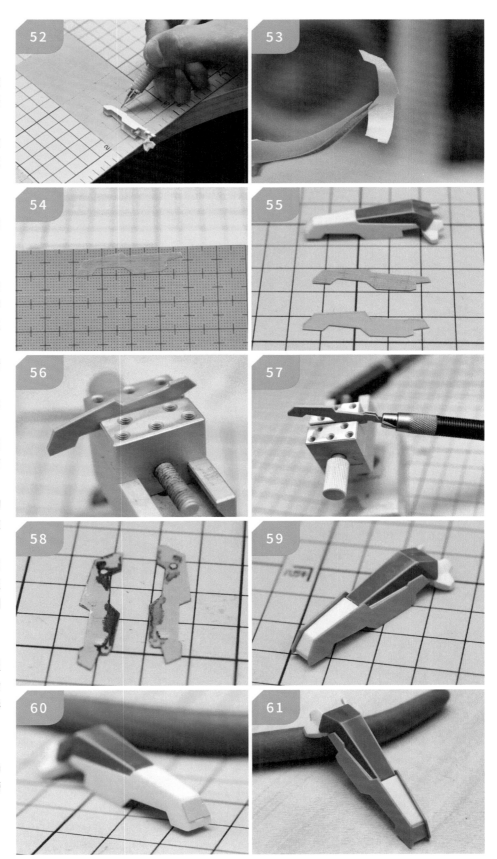

3.1.8　AB 补土改造

图 62：准备郡仕的高密度 AB 补土，切出等量的 A、B 两剂。

也可以用圣多美品牌的 AB 补土代替，圣多美 AB 补土的价格仅为郡仕补土的 1/10。

图 63：将 A、B 两剂混合均匀后，补土进入固化的倒计时。

图 64：将补土堆砌在需要修改造型的位置。

模型制作者可以使用建模软件进行更加彻底的修改。当模型的数据不由自己掌握时，就需要像图中所示进行手工修改。反之，如果有模型数据，仅需在软件中修改模型的造型参数，再重新 3D 打印即可。

图 65：随着时间的推移：
① 硬度逐渐增加。
② 黏性逐渐减弱。
当硬度和黏性达到一定的平衡后，我们就可以用笔刀轻易切削。若黏性太强，则笔刀切口会毛糙。若硬度太硬，则笔刀切起来非常费劲。

图 66：一点点切割有助于控制力道，避免失控导致手指受伤。

图 67 和图 68：最后剩下的部分用 240 号砂纸及 400 号砂纸打磨掉。

图 69 和图 70：造型前后的对比效果。如果是在计算机里修改建模，仅需 1 分钟不到，而手工改造则需要更强的耐心。

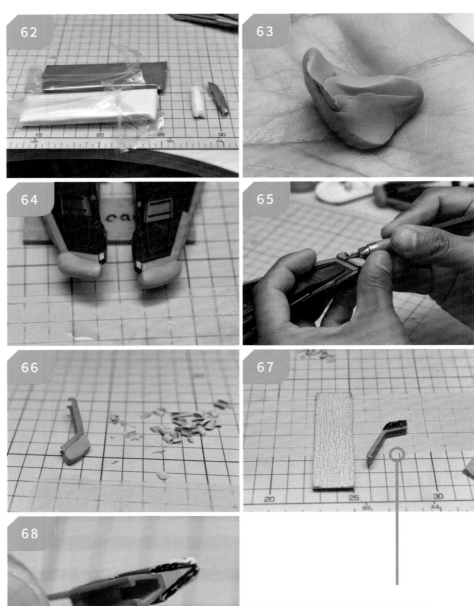

画黑的部分是要切除及打磨的多余材料。

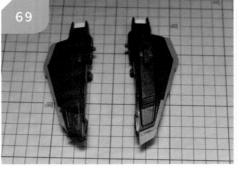

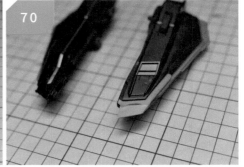

射出件改件以装备居多，常见的有"万代 HGBC 配件包""万代 BPHD 配件包""M.S.G 寿屋 MW 武器包"，零星的外甲改件有时候作为杂志的附录可供读者选择购买，也有一些民间的原创工作室会创作原创的武器装备，但没有动画 IP 支撑通常难以获取足够的销量。

　　现今 3D 打印改件成为原创模型设计工作室的主要生产手段，对比射出件动辄数万元的开模费用，3D 打印可直接根据模型数据生产，即使某个款式销量遇冷，也能及时进行迭代，降低库存积压的风险，令越来越多的原创模型设计工作室如雨后春笋般茁壮成长。

3.2 塑料改件制作：海牛高达

3.2.1 非官方设定

Vicious Project（俗称 VP），现今已经转型或停办，曾经作为万代产品的补充而红极一时。

在过去很长一段时间内，万代并未在中国设立知识产权的法务人员，令盗版模型有了可乘之机，所幸最后均难逃法网，让玩家们意识到了尊重知识产权的重要性。

图 1：这是 VP 推出的一款以万代 MG 海牛高达为骨架的 GK 改件，造型上相较于原"机设"（设计师公开的官方机体设计方案）更加别致。但无奈年代久远，市面上已经无法购买到官方生产的原版零件。

图 2：高高模型将 VP 的外甲改件搭配万代的骨架，组合出了完整的套件，并以"海牛改"为名推出。

因为盗版模型生产质量非常差，以至于令组装完成的模型站立也非常困难。所以本次范例就是用万代的骨架为基础，加上海牛改的外甲并进行改造。填平了外甲的所有细节，并加以重制，令过去的款式重获新生。

动画版权

SUNRISE（日升社）是日本一家以动画制作为主的娱乐公司，属于万代南梦宫集团旗下企业，创始于 1972 年 9 月，以制作机器人动画而闻名于世。

玩具生产

万代是日本大型玩具供应商之一，也是日本最大的综合性娱乐公司之一，创始人为山科直治，成立于 1950 年。万代主要以生产高达系列作品、圣战士丹拜因等 Sunrise 系列动画的角色模型闻名。

GK改件

VP 作为 2006 年成立的厂家伴随着当时 seed 的狂潮率先发行了众多以 MG 骨架为基础的模型改件，其发行的作品大多为 1/100 配合 MG 骨架的作品。目前随着制造技术的进步，此类 GK 改件厂商也逐渐退出历史舞台，VP 可被认为是那个时期的缩影。

由"VP"出品的海牛高达 GK 改件，使用万代原 MG 海牛高达为基础进行制作。这种非官方出品的硅胶翻模套件在 WF 等大型展会上具有一日版权，其他非商业用途的 GK 改件也可以在模型好友间少量分享。

由"高高模型"出品的海牛改塑料拼装模型，复刻了"万代"的骨架及"VP"的造型。

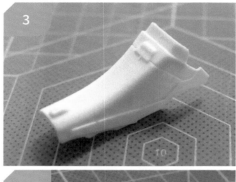

3.2.2　填补细节1

图3：因为该套件品质很差，所以图中小腿前侧装甲零件的细节需要全部去除。

图4：因为刻线很细，所以用牙签蘸取乐泰480黑色瞬间胶涂抹。

纸牌或广告宣传单表面通常有塑料覆膜，适合当作胶水托盘，用完后和涂胶水的牙签一起丢弃即可。

图5：涂抹完成后的效果如图所示。

图6：使用笔刀切除多余部分。

图7：针对曲面造型，使用粗目（FINE）的海绵砂纸打磨。

海绵砂纸的目数依次为MEDIUN=180号、SUPERFINE=320号、FINE=600号、ULTRAFINE=1000号、MICROFINE=1200号。

图8：打磨完成后的效果如图所示。

图9：待所有填补作业完成后，统一喷涂水补土检查表面。确认平整后，就可以添加自己设计的刻线。

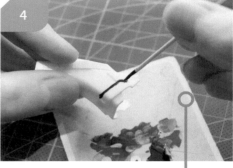

乐泰480黑色瞬间胶填补后易于观察其填补情况。

3M海绵砂纸适用于打磨曲面造型，价格比免裁切海绵砂纸更实惠。

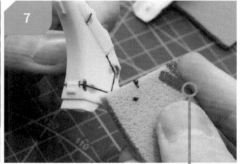

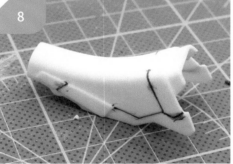

喷涂完补土后，如果检查出还有些许瑕疵，再次填补并打磨即可。

3.2.3　填补细节2

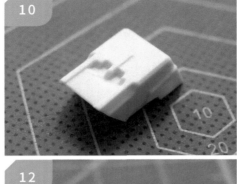

图 10：前臂装甲零件待填补的空缺较大，流动性强的胶水张力不足，无法一次性填补大面积空缺。

图 11：改用流动性较弱的乐泰 454 啫喱型胶水，这种胶水干燥后非常硬。

乐泰 454 啫喱型胶水启封后容易变质，需尽快使用。

图 12：涂抹胶水后如图所示，为了加速胶水干透，使用乐泰 7452 作为催化剂，这种催化剂可以催化所有瞬间胶的固化过程。

乐泰 7452 瞬间胶促进剂，有刷头及喷头两种包装，使用喷头时需注意呼吸防护，这种促进剂味道非常刺鼻。

使用这种一角钱一支的面相笔涂刷促进剂是一种经济实惠又方便的选择。

图 13：打磨完成后，可能还有细小缝隙，这时候待填补的空缺较小，无须再使用乐泰 454 啫喱型胶水，改用流动性更强的胶水。

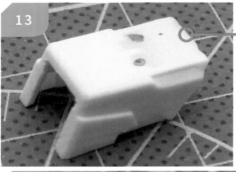

如果打磨后发现不平整，涂抹乐泰 495 胶水或者得力 502 胶水后，再次打磨即可。

图 14：喷涂完补土后效果如图所示，两侧的细节处仍需修整。

如图所示，虽然被填补的那一面已经被打磨平整，但是零件的其他部分仍然比较粗糙，需要继续打磨，以取得更细致的效果。

3.2.4　添加细节

图 15：1mm 厚度的胶板是手工常用的厚度，通常裁切成较小的单位使用。

图 16：使用笔刀加工成合适大小后，用镊子夹取并蘸少量 502 胶水，粘贴在模型上。

图 17：将 MADWORKS 的硬边胶带粘贴成指定造型。

图 18：使用合适的刀头刻线，一般情况下，0.125mm 用于 HG 比例模型、0.15mm 用于 MG 比例模型、0.2mm 用于 PG 比例模型。

图 19：刻线完成后效果如图所示。

图 20：涂装完成后效果如图所示。

图 21：刻线通常会和塑料补品、金属补品相搭配。

将 1mm 的胶板裁切成 10cm×20cm 的大小，方便在手工制作场合使用。

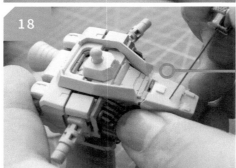

将 MADWORKS 刻线刀头装在田宫笔刀刀柄上，在模型零件上刻线。类似品质的产品有 BMC 刻线刀、Beacon 刻线刀等。

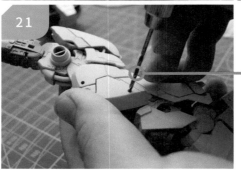

为了安装金属补品，提前用手钻钻出孔位，注意钻头尺寸应比补品外径小 0.1mm，不然补品会容易脱落。

图 22：金属补品的埋入时机可以是涂装前或涂装后，取决于制作者是否想让金属补品呈现与外甲同样颜色。

图 23：不插入金属补品，仅仅保留孔洞，也是一种选择。

图 24：粘贴塑料补品，丰富细节。

图 25 和图 26：使用前文中提到的方式——粘贴硬边胶带后，先用刻线刀轻轻划出轨迹，再加重力度刻出线槽。对称的刻线则采用尺规及胶带定位，避免刻槽歪斜。

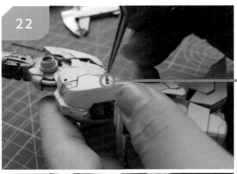

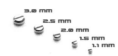

厚度：1.2 - 1.5mm
每包数量：30颗

常见的可以埋入孔位的金属补品有一字螺丝和散气孔两款。推荐 1/144 比例安装 1.1mm 口径、1/100 比例安装 1.6mm 口径、1/60 比例安装 2mm 以上口径。

原本为了打磨焊缝而设计的旋转锉刀，这里选用了球形锉对孔位进一步打磨出造型。购买的时候注意口径不要超过 3.0mm，否则无法装入手钻。

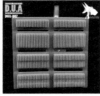

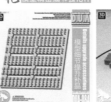

图片中使用了注塑的塑料补品，目前已经少有厂家生产销售了，取而代之的是更新频繁、品种多样的 3D 打印补品，玩家们也可以自己在家设计并打印。

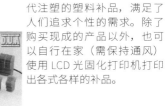

3D 打印的塑料补品已完全取代注塑的塑料补品，满足了人们追求个性的需求。除了购买现成的产品以外，也可以自行在家（需保持通风）使用 LCD 光固化打印机打印出各式各样的补品。

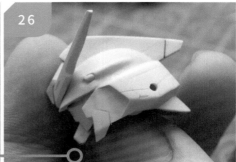

从 25~26 这两幅图可以看出刻线被修改的痕迹，是预先将线槽填平后再刻线的。

铜棒

蓝丁胶

图 27：假组完成。此时模型的站立需要借助铜棒、蓝丁胶、遮盖胶带缠绕等辅助措施。除此之外，几乎所有 GK 改件都需要制作者一遍又一遍调整组合度才能达到正常站立的要求，万代原装模型则完全不会出现这种情况。

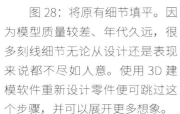

图 28：将原有细节填平。因为模型质量较差、年代久远，很多刻线细节无论从设计还是表现来说都不尽如人意。使用 3D 建模软件重新设计零件便可跳过这个步骤，并可以展开更多想象。

图 29：进一步打磨、调整组合度并喷涂水补土检查。不断调校模型可以规避后续可能出现的众多麻烦，谁也不希望精心涂装的模型仅被拿起后就原地解体，或因为没有处理完成的表面工艺而使涂装效果功亏一篑。

图 30：根据作者的习惯，为模型添加刻线、胶板细节、细节补品等，在这一环节根据不同的地区文化及时期，会形成不同的流行趋势，没有绝对的好与坏之分。

在动画剧情中，A.C197 年，因为人类社会进入了和平年代，所以不需要高达这种军事兵器了，除了张五飞以外的主角四人将高达载入设定好程序的太空船，驶向太阳销毁。而正如题名《无尽的华尔兹》的寓意，少数野心家将战火重燃，主角四人分工开展拯救世界的计划，因为情况紧急，希罗大胆提议在太空中完成高达的换乘，要求卡特尔设定的程序将飞翼高达的运输舱在规定的时间驶向宇宙中的指定地点，便有了高达动画中的知名桥段。

本节作品使用 SketchUp 完成运输舱的建模，然后用 3D 打印输出实体模型，该方法相比传统的胶板自制更具有灵活性。

3.3 3D 打印实例：飞翼高达（附属运输舱）

3.3.1 组装环节

图 1 和图 2：粘贴遮盖胶带并标明板件编码，可以更方便地辨认板件。

图 3~ 图 6：大致修剪零件时，可以采用硬度较高且耐用的剪钳。

图 7：剪下的零件需要存放在容器中，避免掉落后遗失。

图 8：按照部件的部位将零件区分开，方便修整结束后假组。

3.3.2 修整环节

图 9：使用打磨板辅助打磨零件表面，成品是否工整则取决于打磨功底。

图 10：不同宽度的打磨板可以应对不同的场合。

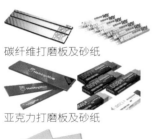

碳纤维打磨板及砂纸

亚克力打磨板及砂纸

打磨板需要粘贴砂纸使用，这种宽度与无痕双面胶一致的自制亚克力打磨板最节约资金。

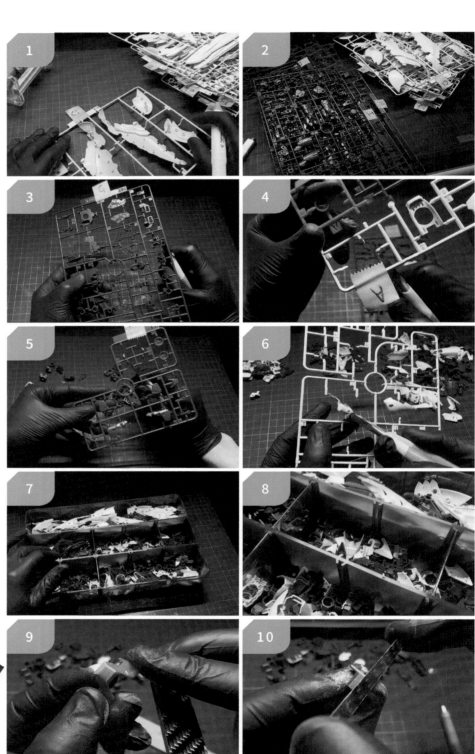

图 11：图中展示了胸甲零件 C 面打磨的效果，模型领域的 C 面就是工业上所指的倒角。在参数化建模软件——UG NX 中，是"倒斜角"命令。

图 12 和图 13：打磨的粉尘仅仅用手指拂去是不够的，还需要用清水洗净，否则涂装环节时会被油漆固定至表面，造成表面不平整，一切努力白费。

图 14：骨架的修整也不能落下。

图 15~图 18：模型的初步修整完成了，假组完成后效果如图所示。

修整模型时要灵活运用各种号数的砂纸，一般情况下可先用 600 号砂纸，再使用 1200 号砂纸。若一开始就用较大号数的砂纸，则会使打磨效果适得其反。

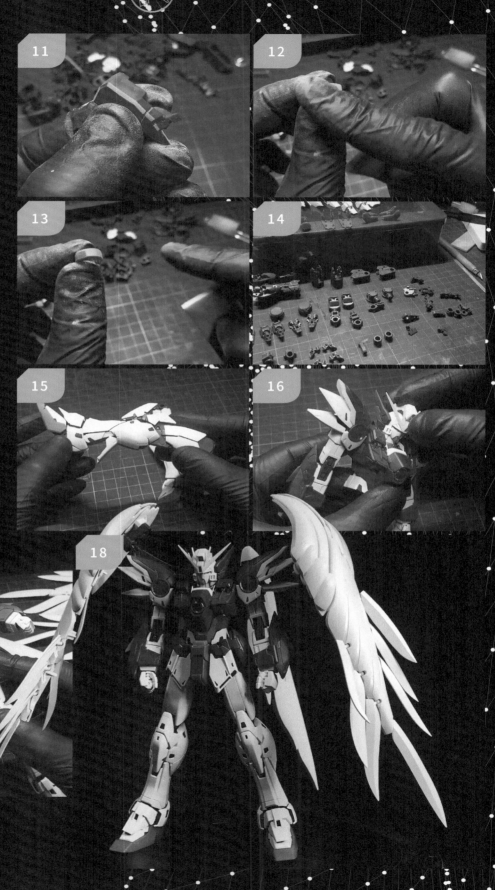

3.3.3　天线锐化

图 19：WAVE HT-380 胶板剪刀在手工改造环节有很大的作用，但在第 4 章中，均采用激光切割的胶板，胶板大且厚度为 2mm，就用不到该胶板剪刀了。

图 20：将胶板裁切至需要的大小。1mm 厚度的 ABS 胶板通常用于手工切割及模型改造。

图 21：用剪钳将天线截短一部分，以此增加黏合的接触面积。

图 22：涂抹显能 DW 模型无缝用胶水，也可以用 502 胶 + 爽身粉的方式代替。

图 23：将预先准备好的胶板粘贴上去。

图 24：每根天线都像这样粘贴。

图 25：使用笔刀削出大致造型。

图 26：使用打磨板修整，注意控制打磨方向，以免走形。

图 27：修整完成后效果如图所示。

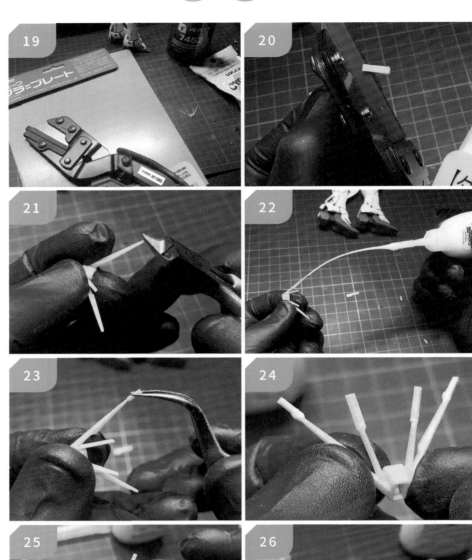

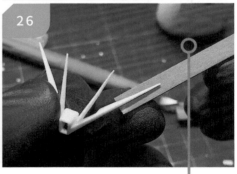

这种打磨板可以购买成品或使用激光切割机自行切割。

3.3.4 刻线细节

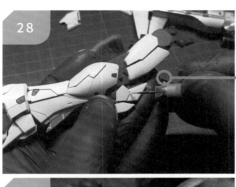

图 28 和 图 29：使用 MADWORKS 刻线刀将模型原有的刻线加深，以便后续渗线。

1/144 比例模型通常使用 0.125mm 宽度的刀头，1/100 比例模型通常使用 0.125mm 宽度或 0.15 宽度的刀头。

0.1mm 宽度及 0.125 宽度的刀头加工难度较大，通常较难买到。如果条件允许，使用 0.1mm 宽度的刻线刀为 1/144 比例模型刻线更好。

除了 MADWORKS 以外，也可以使用 Beacon 及 BMC 等任意品牌的推刀。

图 30：将硬边胶带粘贴至零件表面，作为刻线辅助。为了之后对称刻线，需记录尺寸数据。

图 31：刻出大致的线槽后，便可以撕去硬边胶带，用刻线刀继续加深。

图 32~图 35：重复以上步骤，为整体添加刻线。

图 36：在零件上画出草稿，用胶板在此处做出高低落差。

MADWORKS 推刀是一种可以装在田宫刀柄上使用的刀头。

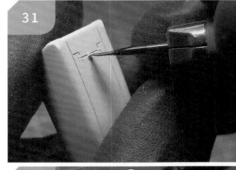

3.3.5 添加胶板细节

图 37~ 图 39：将胶板裁切至需要的造型，打磨平整后粘贴至指定位置。

可以在模型材料店购买到零售的 ABS 胶板，通常尺寸为 10~20cm 宽度左右；也可以在批发网站购买整张的 ABS 胶板，通常尺寸为 1m 宽、2m 长，再请店家裁切成较小尺寸后发货即可。

图 40：使用雕刻刀（较粗的刻线刀）在零件表面刻出凹槽。

通常将 1mm 宽度及以下的刀头称为刻线刀，1mm 宽度以上的刀头称为雕刻刀。

图 41：将胶板裁切成细条状，粘贴至雕刻刀刻出的凹槽中。

图 42：粘贴后效果如图所示，预留了供打磨修整的长度。

图 43：修整后效果如图所示。

图 44~ 图 46：重复以上步骤，为整体添加胶板细节。

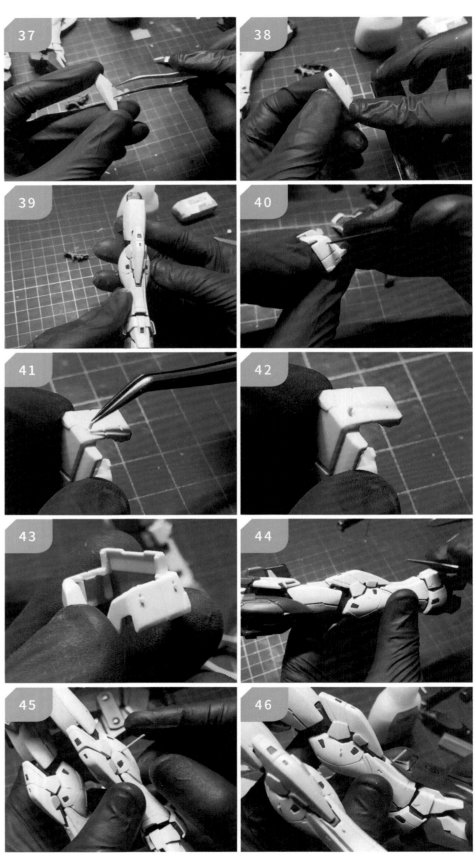

图 47~ 图 48：添加完胶板细节后，效果如图所示。

3.3.6　调整组合度

图 49：一般情况下，只有 GK 改件会因为手工翻模的误差原因而出现组合度问题，但图中的翅膀结构因为结构复杂，导致闭合模式下会有一条小细缝。

图 50 和图 51：用笔刀将会影响翅膀闭合的多余塑料刮除即可。如此一来翅膀副翼便可轻松闭合。

3.3.7　涂装前清洗

图 52：最后用海绵砂纸打磨曲面的位置。

图 53~ 图 56：因为静电吸附作用，打磨的粉尘一部分留在了零件表面，如果直接涂装，漆面品质会很差。

所以此处使用了超声波清洗机及清水将零件表面的粉尘去除。也可以直接在洗手台用流水及牙刷清洗，不一定非要购买机器。

超声波清洗机有时也被用作光固化打印件清洗功能，但会留下难以清除的光固化树脂残留。若如此做，该机器就不能再用于清洗打磨粉尘。

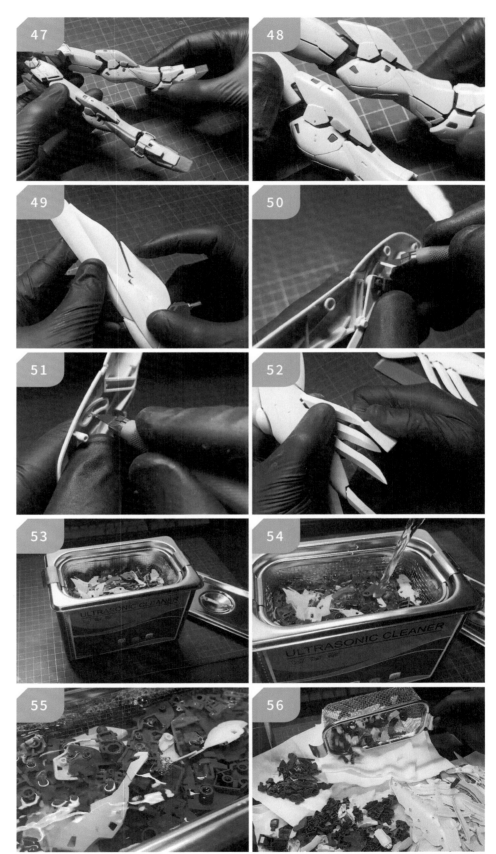

3.3.8 骨架涂装

图57：图中为修整完成
后的零件。

模型用上色夹分为坚固耐用的金属上色夹
及便宜实惠的木制上色夹。

图58~图60：骨架零件
有活动需求，有些没有打磨过
的零件尽量不要喷涂补土，以
免漆层过厚导致摩擦力增大，
引起零件断裂。

图61：涂装完成后效果
如图所示。

3.3.9 外甲零件涂装

图62~图65：一般情况
下，外甲按以下顺序涂装：
①补土层；②底色层；③主
色层；④保护漆层。

本次飞翼高达外甲采用了
阴影涂装，将原有的底色层及
主色层分为5层：①补土层；
②阴影层；③主色层；④光影
层；⑤保护漆层。

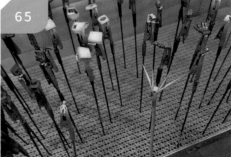

图 66~ 图 68：涂装完成
后效果如图所示。

上色底座是可爱猫咪的猫抓板。

3.3.10 埋设线路

图 69：埋设线路通常为
32AWG（0.38mm 直径） 或
30AWG（0.56mm 直径）的皮
线。若需要通过两根 32AWG
的线，则需要大约 1mm 直径
的孔洞。

图 70：旋转锉可以用于
打磨孔洞。

图 71：继续使用田宫精
密手钻 S 制作孔洞，为后续埋
设线路做准备。

图 72：埋设线路需要以
不影响组装及孔洞为基础。

图 73：因为要做出眼睛
发光的效果，所以要涂装眼眶
的黑色，并保留眼珠的透明。
图中裁切了对应形状的遮盖胶
带，并粘贴在眼珠处。

图 74：遮盖完成后效果
如图所示。

图 75：涂装完成后效果
如图所示。

图 76 和图 77：因为高达
模型内部空间狭小，所添加的
灯饰线路较细且复杂，容易损
坏，在涂装完成后直接添加灯
饰，可以避免反复拆装引起的
损坏。

图中为田宫 74051 精密手钻 S，也可用实
惠的通用手钻代替，效果一样。

3.3.11　添加灯饰

图 78 和图 79：在具体的发光位置固定焊好的贴片 LED 灯。

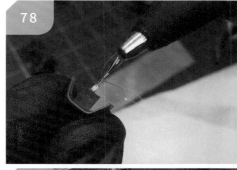

图 80：使用裁圆刀裁切 PVC 板作为"灯罩"。

图 81："灯罩"完成后效果如图所示。

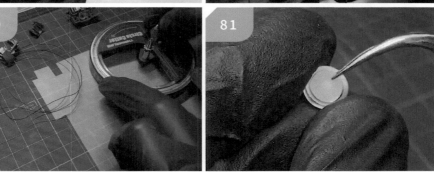

图 82~图 85：各部位埋线效果如图所示。

图 86 和图 87：图中的手臂关节为可动位，所以预留了一定长度的电线，以便线路活动。

右下角为方寸景的免焊接接线端子，是为了方便测试电路而设置，完成后则被移除。

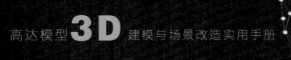

图 88 和图 89：整套模型灯饰添加完成后，效果如图所示，自此以后，便可以涂装外甲了。

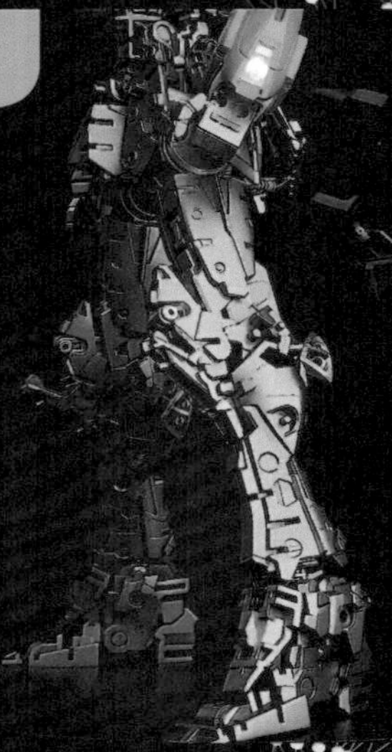

88

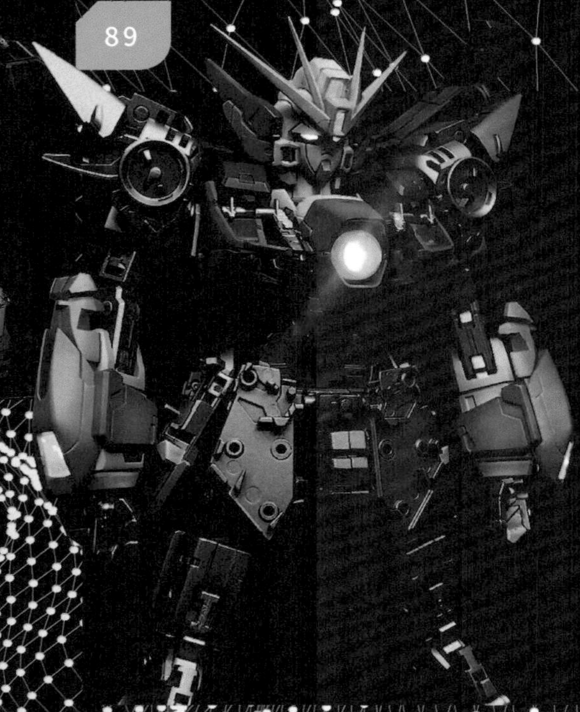

89

3.3.12 人偶涂装

图 90：用台钳固定套件附带的“希罗·尤尔”人偶。

图 91：站姿的人偶则是固定在油漆瓶上。

图 92：使用面相笔对人偶进行涂装。

图 93：涂装完成后效果如图所示。

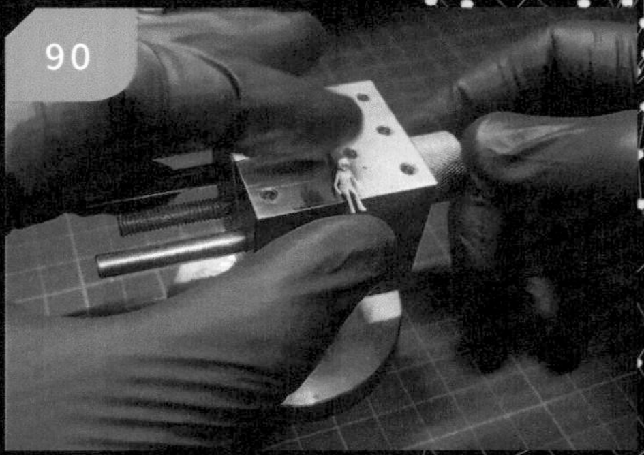

90

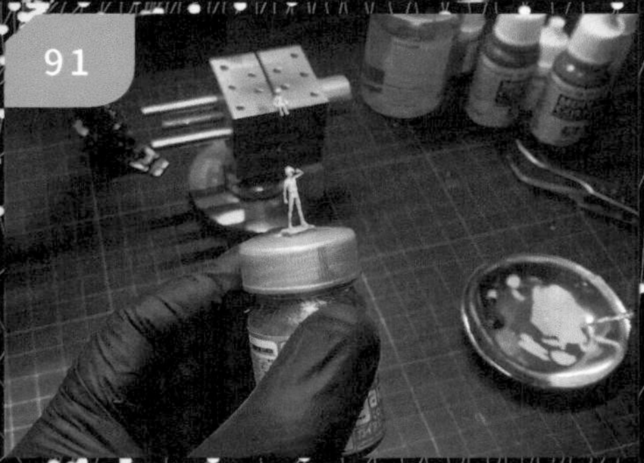

91

92

93

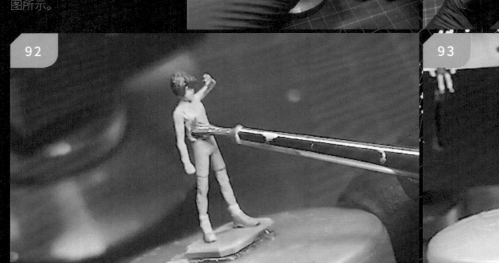

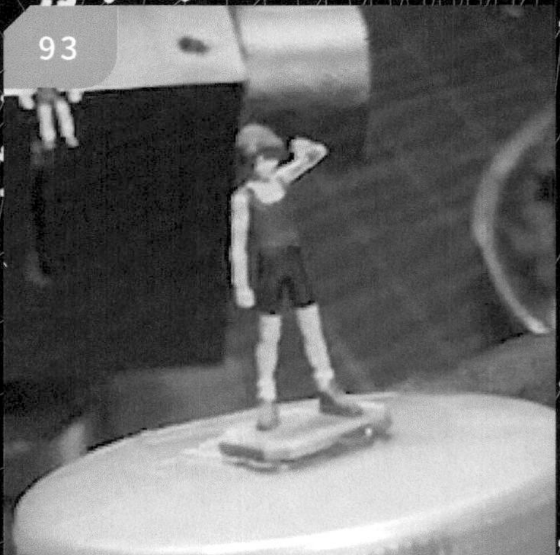

3.3.13　外甲涂装

图 94：使用上色夹固定零件。

图 95：为白色零件喷涂郡仕 SF288 黑色水补土，这种水补土的目数为 1500 号，可以充当底漆使用。

图 96：喷涂完效果如图所示。

图 97：在上完黑补土的零件上喷涂主色。

图 98：再用深色强化阴影后，最后用主色薄喷一层高光。

图 99：喷涂完成后效果如图所示。

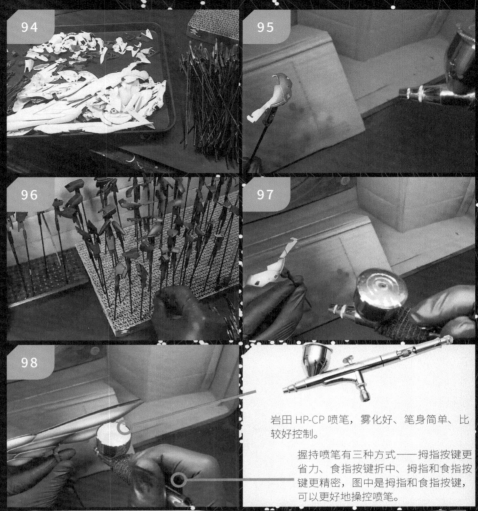

岩田 HP-CP 喷笔，雾化好、笔身简单、比较好控制。

握持喷笔有三种方式——拇指按键更省力、食指按键折中、拇指和食指按键更精密，图中是拇指和食指按键，可以更好地操控喷笔。

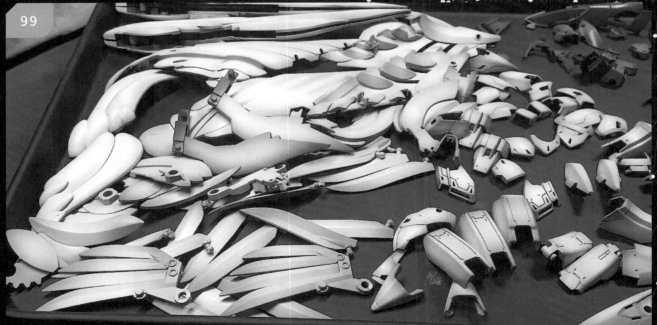

3.3.14　遮盖涂装

图 100：将预先裁切成小块的遮盖带粘贴在需要保留颜色的位置。

图 101：在复杂的区域上，可以先粘贴遮盖胶带，再使用笔刀将多余的部分切除。注意不要破坏原有的刻线。

图 102：为露出的部分喷涂分色，喷涂分色时需更加注意漆层不要过厚，否则会使遮盖带上的漆层与零件上的漆层粘连，影响分界线上的涂层品质。

图 103：喷涂完成后效果如图所示。

图 104~ 图 106：将遮盖胶带揭下，注意不要刮坏漆面。

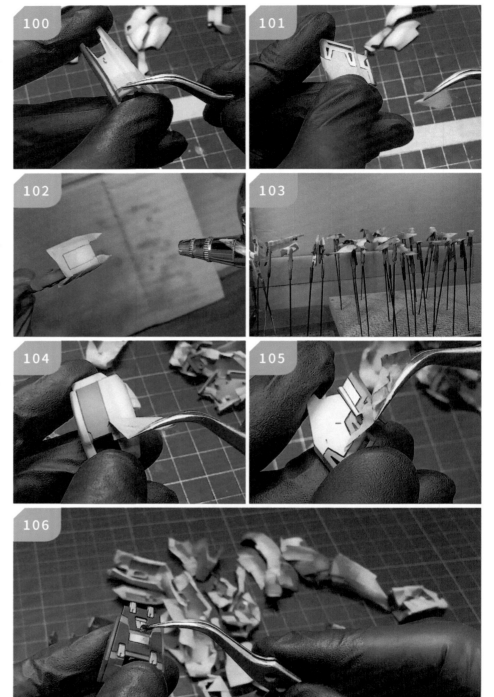

3.3.15 渗线

图 107：将稀释好的珐琅漆流入模型零件刻线内。

图 108 ~ 图 111：使用棉棒将多余的墨点擦除。

图 112 和图 113：渗线完成的效果如图所示。

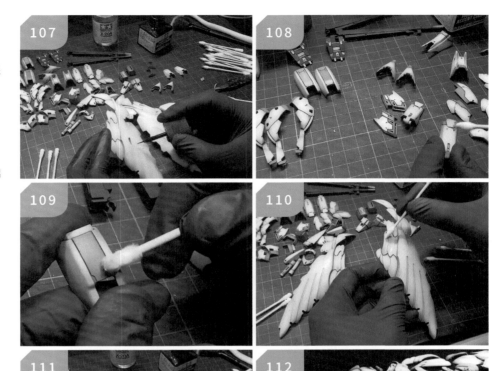

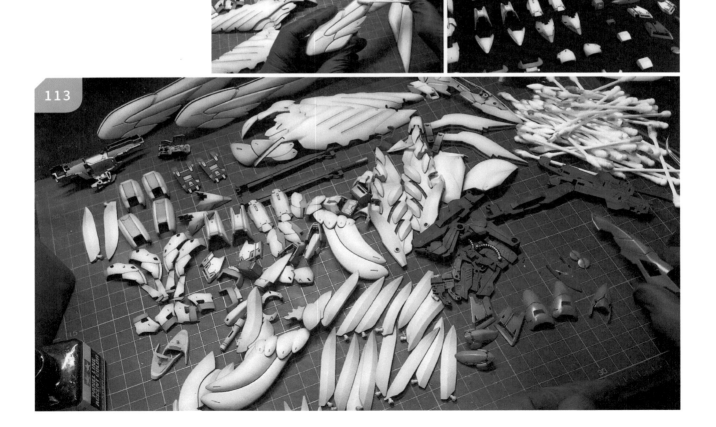

3.3.16 电源组件

图 114 和图 115：将供电母头及触控开关焊接至电路中，并隐藏在后裙甲位置。锂电池则藏在腰部与大腿之间的位置。

因为锂电池特殊的材料性能，若需要给锂电池充电，则必须安装防过充保护板。

图 116：焊接锂电池与触控开关。

图 117：采用杜邦线连接供电口与防过充保护板，再连接电源。

图 118：从普通的视角看不出锂电池及触控开关的存在。

3.3.17 水贴

图 119：使用笔刀将水贴图案连同底纸割下，在调色皿中把胶泡开。在气温较冷的情况下，可以使用暖杯器持续加热，保证水贴正常使用。

图 120~ 图 123：将水贴粘贴至合适的位置，并用棉棒将多余的水分吸走，不能使用已经湿润的棉棒，否则会将水贴吸走。

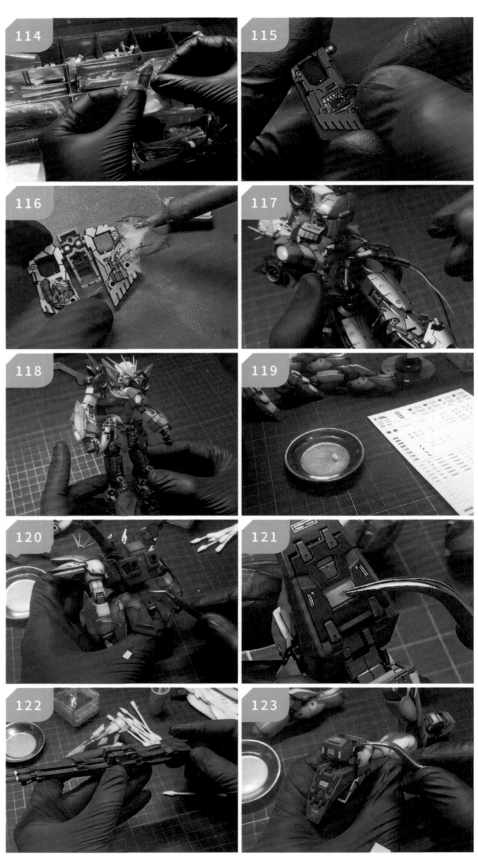

3.3.18　运输舱制作

图 124 和图 125：在绘图软件中绘制模型草图。

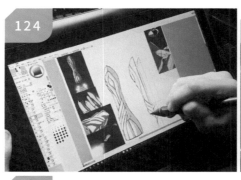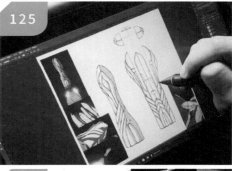

图 126： 将 草 图 导 入 SketchUp 软 件，并根据草图建模。

图 127：建模效果如图所示。

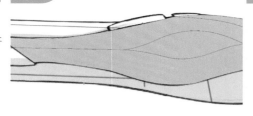

图 128： 在 SketchUp 软件中建模完毕后：

① 导出 STL 格式文件；

② 导入切片软件；

③ 添加支撑；

④ 使用软件自动切片；

⑤ 将数据导入打印机内并打印。

图中的打印机为 LCD 光固化打印机，特点为价格低廉且打印质量较高，适合进阶模型制作者。

图 129：打印完成后效果如图所示。

图 130：使用美甲固化灯将零件进行二次固化。

图 131：修整完成后效果如图所示。

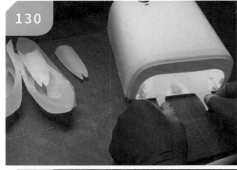

图 132 和 图 133： 使 用 5mm 厚的雪弗板制作运输舱的骨架，这种材料的硬度介于 ABS 板和挤塑板之间，勉强可以用手工切割。

如果使用激光切割机，则可以改用硬度更高的 ABS 胶板。

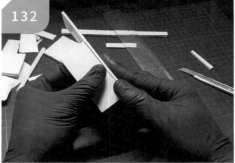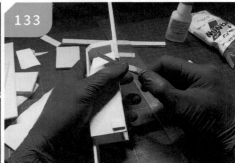

图 134~ 图 137：调整组合度并修整模型。受打印机幅面尺寸限制，超过长度限制的模型被分割成两段再打印，在打印完成后，用瞬间胶黏合。

图 138 和图 139：喷涂第一层黑补土，这次是为了检查瑕疵。

光固化打印这种薄片型的零件时，一定要保证内部为实心，否则未固化的树脂会在零件内部腐蚀已固化的树脂，导致零件开裂及变形。

若打印其他零件并选择空心时，一定要在打印完成后将内部清洗干净，确保没有未固化树脂残留在模型内部。

不多加注意的话，就会发生打磨到一半突然零件爆开的情况。

若打印其他零件并选择实心时，要注意环境的温差不可过大，否则打印过程中模型会发生变形，致使打印失败。

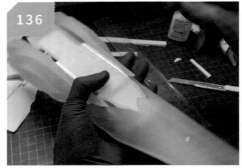

使用创想三维 LD-002H 及创想三维的树脂打印，这种机型价格便宜，适合入门使用。

图 140：使用填充材料填补零件表面缝隙。这些缝隙是因为打印机无法完整打印，将零件拆分成小块后打印黏合而产生的，如果更换更大幅面的打印机或直接在网上选购打印服务，可以避免这种情况。

图 141：对于曲面造型，使用粗目的海绵砂纸，修整填补的位置。

图 142：打磨后效果如图所示。

图 143：3D 打印的刻线并不是很流畅，需要使用刻线刀加深刻线。

图 144：测试组装效果。

图 145~ 图 148：使用原本的翅膀连接件不能很好地贴合发射舱模型，使用套件内多余的 J21 及 J22 零件改造成发射舱展示状态的连接替换件。另外还为主体及运输舱增加磁吸结构，方便后续拆装展示。

图 149：磁吸组装效果如图所示，之后为发射舱涂装动画中展示的白色即可。

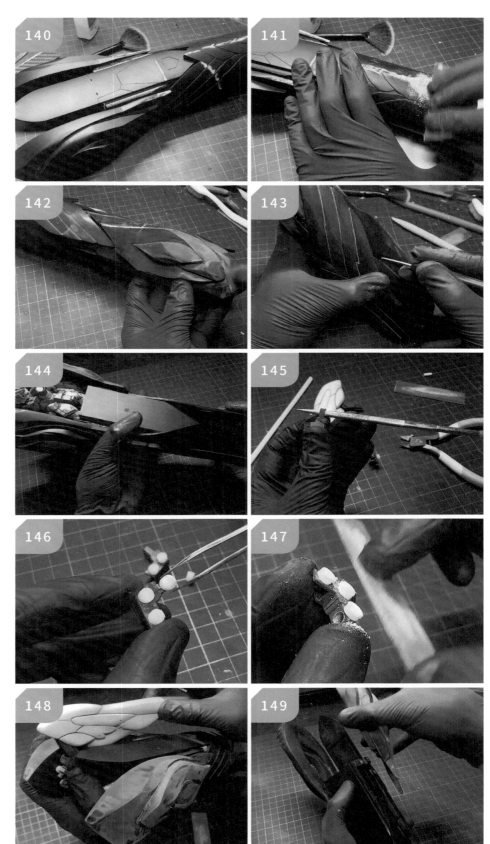

3.4 改造小技巧

3.4.1 解胶剂与ABS材料

图1：黏合ABS材料时，解胶剂被大量使用，其作用是通过溶解ABS材料，并使其再接合，但也会化开瞬间胶，所以不能与其他胶水混用。

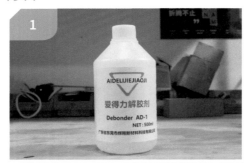

图2：这是笔者参观浙江省温州市瓯龙模型公司时拍摄的图片。

图为商业楼盘模型的大楼框架，制作方式为先用CAD软件绘制切割图纸，再使用CNC雕刻机雕刻ABS板，最后用ABS板拼接而成，并用解胶剂黏合。

图3：安装大楼外框的过程中可以看出，设计的要点就是使其完美匹配。

图4：安装完成后效果如图所示。

图5：细节效果如图所示。

图6：切错ABS板后，也可以用解胶剂黏合补救，但还是不要切错比较好。

图7：使用便宜的面相笔将解胶剂涂抹在接合处，刷子会被解胶剂溶解，不能长期浸泡，用完后需丢弃。

图 8：将 ABS 板结合后，在衔接处补充一些解胶剂，使其充分融合。

图 9：完成后效果如图所示。

3.4.2 挤塑板与雪弗板

图 10~ 图 12：大型商业楼盘需要使用大量的胶水，往往采购桶装胶水来使用。

图 10 和图 11 为泡沫胶，这种胶水专门用于黏合泡沫板，也就是常用的挤塑板及雪弗板。其干燥速度缓慢，在未干燥前有充分的时间调整泡沫板的位置，适合黏合大块泡沫板。而黏合小块泡沫板时，为了能快速黏上，往往使用几秒内就可以干燥的热熔胶。小支装的泡沫胶就是文具店里卖的 UHU 胶，两者只是规格及售价不同而已。

图 12 为白乳胶，通常用于黏合草粉、土粉、砂粉及树粉等。

图 13~ 图 14：商业楼盘模型公司制作的大型地形，原材料为挤塑板。

3.4.3 灯光系统与 LED 焊接

图 15~ 图 18：将不同规格的 LED 灯带埋设在大楼及底座内，并使用统一的控制灯光系统进行控制。

图 19：比例模型制作者很少用到那么粗的灯带，更常使用贴片 LED 灯。市面上常见尺寸为 0402、0603、0805、1206（单位：英寸），最常用的是 0805 尺寸（0.08 英寸 ×0.05 英寸）。

首先将少量焊锡丝镀在线头上，模型常用导线的尺寸为 30AWG。

图 20：然后将导线焊在贴片 LED 灯上，注意不要虚焊。

图 21：焊接后效果如图所示。

图 22：焊台海绵的作用是清理焊头上的残锡及氧化物，发现水分少了要及时加水。

图 23：最后将负极导线也焊接上就完成了。

布置灯光时应先测试灯光是否可以点亮，避免将虚焊的 LED 灯安装进模型，再拆开非常麻烦。

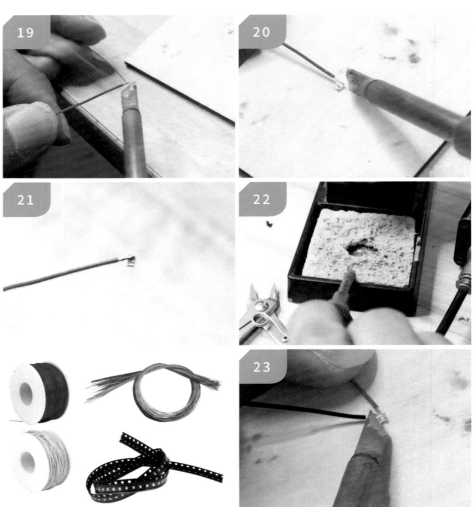

3.4.4 填充率与打印方向

图 24：这是 Snapmaker Luban 的切片设置界面，导出的模型可以在 Snapmaker FDM 打印机上打印。

此处默认的填充密度为 15%，其他软件有时也会有 50% 的默认填充率。打印比例模型时，只需要 13% 的填充率就足够了，过高的填充率会浪费时间及材料。

FDM 打印机通常只用来打印样品，不会真的用来打磨及喷漆，所以层高往往设置成 0.2mm 以上，否则打印时间非

常久。即便设置成 0.05mm 的层高，其表面品质对于比例模型制作者而言也非常粗糙。

图 25：这是软件的模型界面。

图 26：导入拟亚加玛战舰的零件后，因为大量位置是悬空的，所以切片时一定要注意开启自动支撑，避免打印悬空位置时失败。

图 27：模型剖面如图所示，软件自动将实心的内部改成了特殊的填充造型。

图 28：悬空的位置被自动加上了支撑。

图 29：这是 PhotonWorkshop 的切片设置界面，导出的模型可以在纵维立方的 Photon 系列 LCD 光固化打印机上打印。

图 30：这是软件的模型界面。

图 31：模型剖面如图所示，光固化的内部填充与 FDM 打印机有很大不同。

图 32：光固化成形是将模型从料槽中"拉"出来，所以支撑在打印过程中起到拉杆作用，布置起来比 FDM 打印机要难很多。FDM 自动支撑只多不少，光固化自动支撑只少不多。

图 33：光固化打印时尽量倾斜模型获得更多支撑。

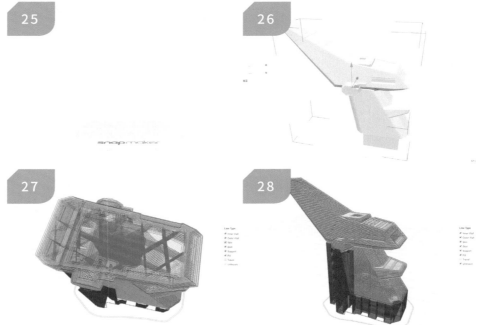

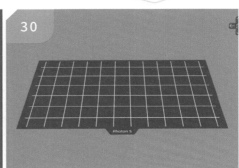

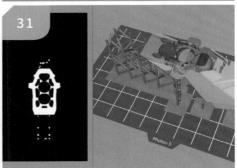

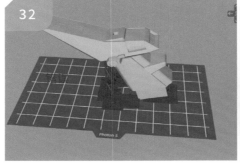

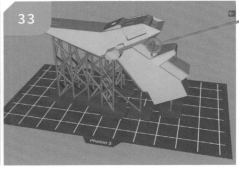

这种位置需要手动添加支撑。

现今，"跨界""斜杠青年"已成为普遍认知，建筑、产品设计等专业的学生制作高达模型时具有得天独厚的优势。在数字技术普及的今天，建筑模型制作虽然是每一位建筑学专业学子的必修课，但不应该仅存在于大学校园内，每一位高达模型爱好者也可以尝试制作建筑模型。本节将会结合建筑模型与高达模型的特点，为大家呈现如何基于已知的建筑，制作拟真度高的建筑模型场景。

使用软件：SketchUp

第4章 模型场景实例

4

4.1 上海啦啦宝都（都市场景）

4.1.1 建筑临摹

图1：在绘图软件中根据啦啦宝都实景照片绘制草图。

图2：在SketchUp中制作3D模型，因为该模型是为之后制作手工模型而准备，所以根据实际使用的板材厚度，保持建模的模型与板材厚度对应。

图3：在底座上画出地面环境的草稿，可以更好地观察实际效果。

草图完成后，再根据其在SketchUp中的形状画出地面环境的切割图纸。

图4：制作建筑模型需要很多类型的板材，本次制作还准备了预先用CNC雕刻完纹路的砖纹板，这种加工过的板材价格昂贵，也可以自己用激光切割机加工。

图5：为了方便切割人员搞清楚零件明细，用不同的颜色标注了三维图纸及平面图纸，以便后续分类及组装。

图6（1）和图6（2）：图为本次啦啦宝都模型的切割图纸，导入Lasermaker后，使用激光切割机切割板材即可。

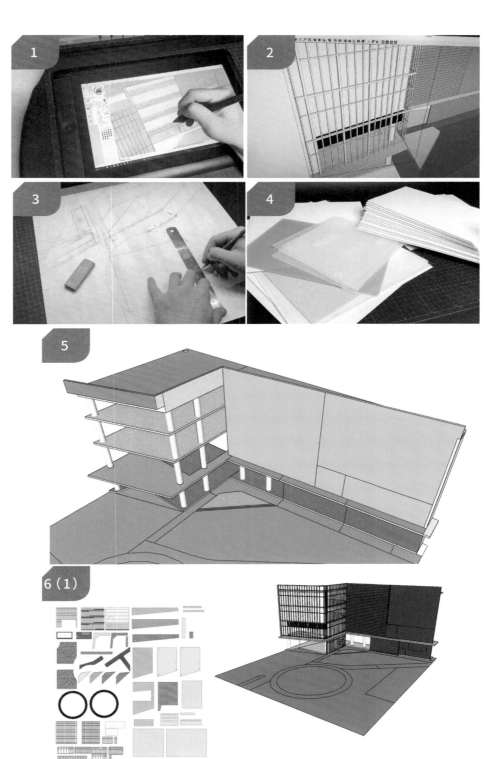

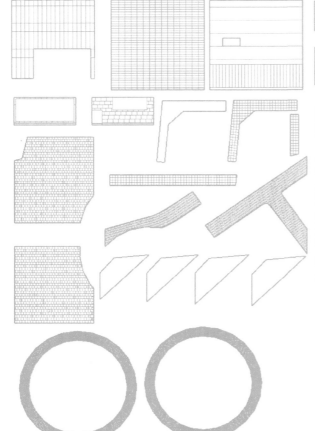

4.1.2 分件切割

①在 SketchUp 中根据实际板材厚度建模三维模型；

②选中模型其中的一个面；

③使用"移动工具"，并按"Ctrl"键，切换为"复制"功能；

④将选中的面复制到一侧的区域；

⑤重复以上步骤，直到所有面都被分离成单独的图形；

⑥选中单独的图形，使用"移动工具"，拖动一个端点，至一个水平位置，并将所有单独的图形拖动至该水平位置；

⑦将图形排列整齐，便制作成了图 6（2）的切割图纸；

⑧将该图纸导出为 dxf 格式；

⑨在 Lasermaker 中导入该文件，并调整至合适尺寸；

⑩调整切割功率及速度，并放入板材，最后启动切割。

4.1.3　切割效果

图 7 和图 8：使用激光切割制作的刻线非常规则，相较于手工刻线可大幅度提升效率。

功率：80W

速度：17mm/s

材料：2mm 厚 ABS 板

图 9（1）和图 9（2）：窗框零件切割效果如图所示。因为激光热量的缘故，塑料边缘有少许融化。

图 9（3）：刻线太多时，速度设置过快，导致板材没有被切断，就会被烫弯，需要在设计环节及加工环节避免这种情况。

激光头距离材料过远，致使激光失焦也会发生这种情况，没有切断的板材无法二次使用，造成的浪费令人心痛。

4.1.4　楼体安装

图 10：主楼内的立柱则使用微型台锯切割ABS圆棒制作。

图 11：激光切割的板材边缘会有焦边，需要使用砂纸打磨修整。

图 12：将圆棒固定至楼板，并使用显能 DW 无缝用胶水填补缝隙，也可以使用 502 胶 + 爽身粉或其他胶水填补。

图 13：使用粗砂纸修整。

图 14：立柱采用圆管套圆棒的形式安装，这种安装方式可以隐藏接缝。

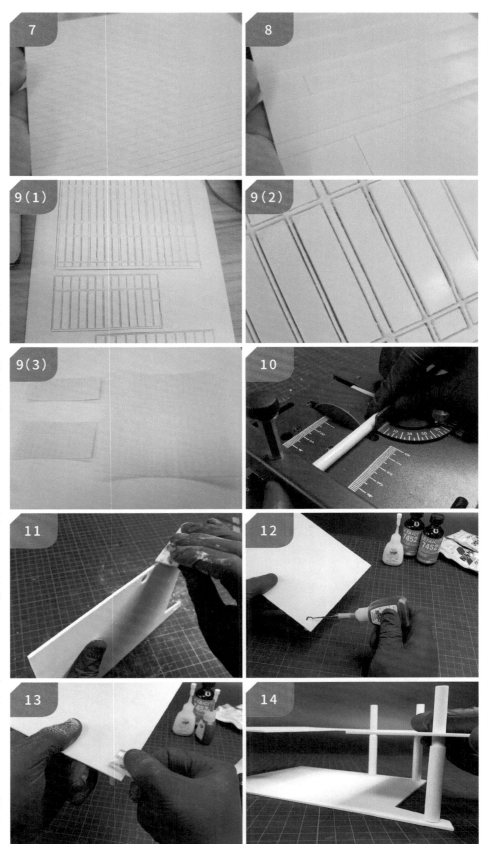

图 15：针对 ABS 的材料，使用解胶剂（氯仿）黏合。

图 16：楼体的框架搭建效果如图所示。

图 17：外墙的纹路采用激光切割刻制，使用前需要先用砂纸打磨焦边，再用刻线刀修整刻线。

图 18：这种是市售的纹路板。

图 19：使用 WAVE HT-380 胶板剪刀将纹路板按照规定尺寸切割。

图 20：填入外墙预留的空缺位置。

图 21：外墙组装效果如图所示。

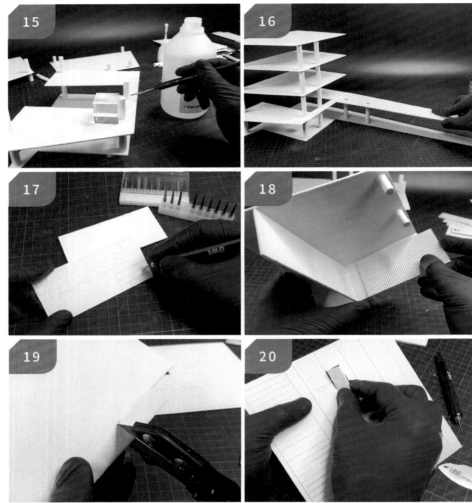

图 22：将胶棒加工成统一的长度。

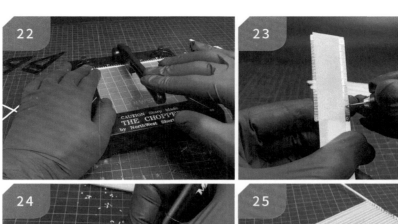

图 23：使用蚀刻片作为辅助，在胶板上切出定位线。

图 24：使用雕刻刀在定位线的基础上切割出卡槽。

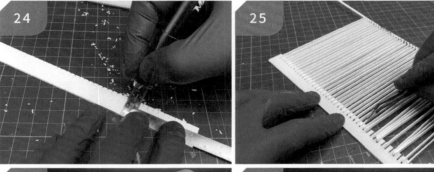

图 25：将胶棒粘贴至卡槽内。

图 26：将多余的胶棒切除。

图 27：安装至外墙的效果如图所示。

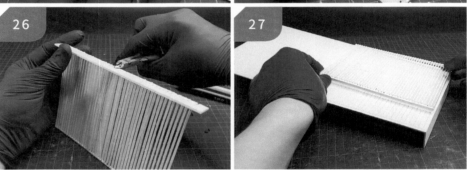

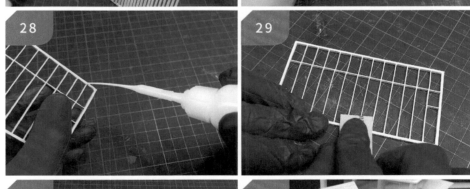

图 28 和图 29：激光切割的门框有些许变形，使用填充型胶水填补并修整。

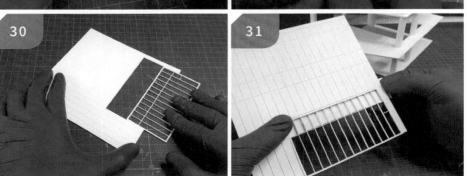

图 30 和图 31：门框安装效果如图所示。

图 32 和图 33：将剩余外墙板粘贴至大楼框架。这些外墙板在模型设计中也起到隐藏线路的作用。

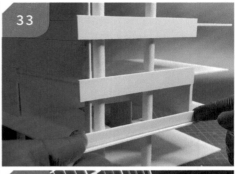

图 34：部分窗框被激光烫坏了，手工切割薄胶板，并粘贴至空缺位置。

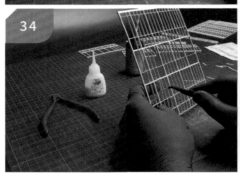

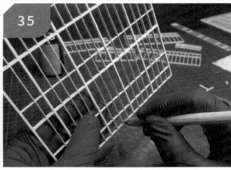

图 35 和图 36：修整窗框零件。

图 37：窗框安装效果如图所示。

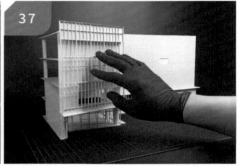

图 38：现代商业、办公楼有许多如图所示的玻璃窗结构。

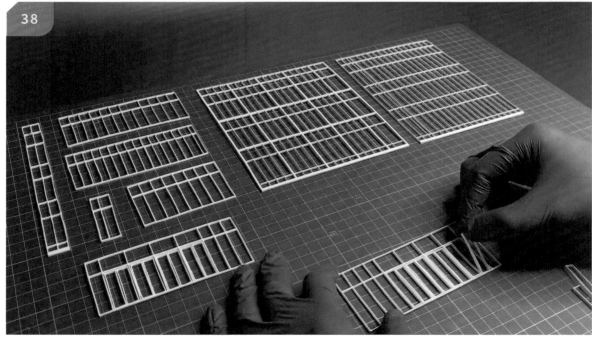

图 39 和图 40：所有零件修整完毕。

4.1.5　涂装环节1

图 41：为外墙零件涂装时，由于该零件较大，使用常规的喷涂方法可能会令表面起沙，原因是油漆未抵达零件表面前就干燥了。解决的办法就是在将出漆量及出气量同时调大的基础上，将出漆量调得更大，就可以避免过大的气压将少量的油漆在空气中干燥的情况。

调节过后，再去喷涂高达模型时，不要忘了将参数调回来，否则容易发生淤积。

图 42 和图 43：使用遮盖胶带粘贴第一遍涂层，再喷涂不同的颜色，可达到分色效果。

图 44：大楼的涂装完成后效果如图所示。

4.1.6　建模打印部分

图 45 和图 46：使用 Adobe Illustrator 绘制商场的标志文件，再将其导入 SketchUp 软件中，绘制三维模型，并导出为 STL 格式文件。

图 47：将导购台、货柜、防盗门等模型从 SketchUp 软件中导出为 STL 格式文件，再导入 PhotonWorkshop 切片软件。

图 48：将 STL 格式文件在托盘上排列整齐，注意摆放合理，减少打印途中脱落的风险。

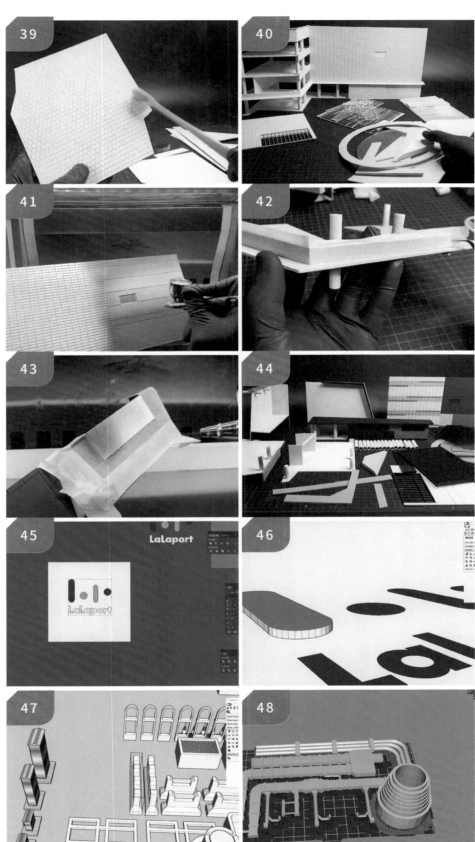

图 49：本次打印使用纵维立方的 PHOTON MONO X，相较于之前飞翼高达发射舱使用的 LCD 型光固化打印机，打印幅面更大、分辨率更清晰。

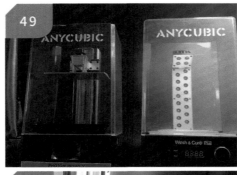

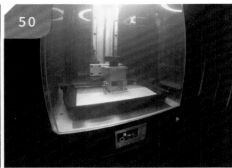

图 50：打印过程中，平台会反复上升和下降，将固化的树脂拉升高度。

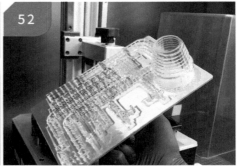

图 51：佩戴手套，将平台从机器上取下，避免残留的树脂沾到皮肤上。

图 52：打印完成后效果如图所示，用酒精将取下的模型彻底清洗，避免未固化的树脂腐蚀模型。

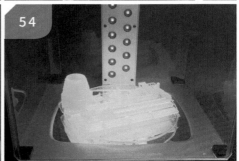

图 53 和图 54：在固化机中二次固化模型。

图 55：从底板上取下模型。

4.1.7 涂装环节 2

图 56：与注塑零件一样，3D 打印的零件也需要修整。

图 57：为 3D 打印模型涂装对应的颜色。

图 58：涂装完成后效果如图所示。

4.1.8　旧化环节

图 59：为零件涂刷稀释后的珐琅漆。

图 60：使用棉棒为零件擦出质感效果。

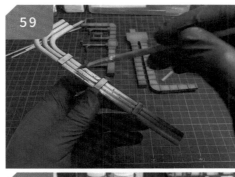

4.1.9　细节补色

图 61：使用面相笔及水性漆为人偶上色。

图 62：为地板砖零件涂装拼花效果。

图 63：服装店的广告牌是用打印纸粘贴在胶板上制作的。

图 64：观景台制作效果如图所示。

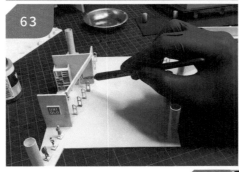

4.1.10　添加灯饰

图 65：打开预先准备的灯饰材料收纳盒。

看到视频中 SDARK 将灯饰材料整理得井然有序，KE 也将散落的灯饰材料整理进了之前购买的瑞美拓 R-2101 多格零件箱中。

上半层用于摆放免焊接头、连接线、贴片 LED 灯等。

下半层用于摆放大件的灯带、电线等。

图66：在一楼屋檐处安装暖白色贴片LED。

图67：安装完成后效果如图所示，背面会露出红色的正极线与黑色的负极线。

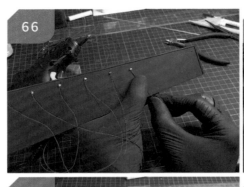
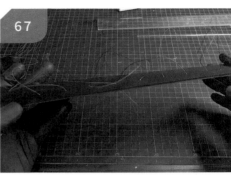

图68和图69：将所有贴片LED灯并联，注意区分正负极，也就是将所有的正极线相连，再将所有的负极线相连。

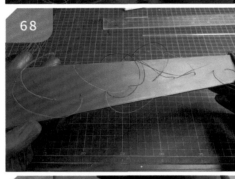
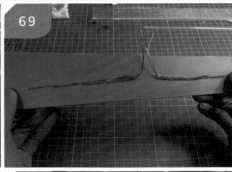

图70：亮灯效果如图所示。

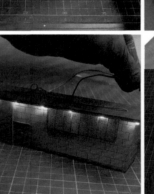

图71和图72：将灯线梳理整齐，尽可能减少对于观赏效果的影响。

图73：一楼服装店亮灯效果如图所示。

图74：广告牌内装有多个贴片LED灯，保证亮度均匀。

图75：广告牌安装效果如图所示。

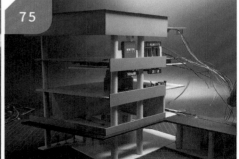

图 76：路灯安装效果如图所示。

图 77~ 图 80：走廊灯及墙灯安装效果如图所示。

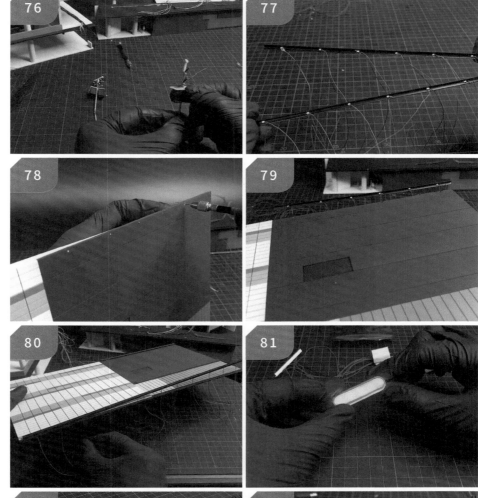

图 81~ 图 85：商场标志安装效果如图所示。这种加灯没有别的技巧，拼的就是耐心。将一粒一粒的贴片 LED 灯粘贴至对应位置，再理线，工作量不亚于处理完整个 MG 高达的水口。

图 86~ 图 89：整理线路后，用热缩管将电线聚拢。

4.1.11　电源组件

图 90：为电路安装开关，这种开关名称是三脚拨动开关。

图 91：连接锂电池及防过充保护板，之后便可以使用 USB 充电器为场景供电。

图 92 和图 93：大楼的背板采用磁吸安装方式，方便以后检修线路。

4.1.12　环境制作

图 94：将预制草皮裁切成图中的样子，并粘贴至底板。这种草皮通常是以高密度聚氨酯海绵为底，上面粘贴草粉而制成。如果使用低密度的聚氨酯海绵，粘贴树粉（染色的碎聚氨酯海绵），可以制成灌木丛。

图 95：使用热熔胶固定路灯。

聚氨酯海绵密度示意图如下。

15PPI

20PPI

25PPI

30PPI

40PPI

50PPI

图 96：使用胶棒自制栏杆。

图 97：栏杆安装效果如图所示。

图 98 和图 99：安装其他场景小品。

模型耗材店贩卖的注塑成形场景小品与工作室贩卖的 LCD 光固化打印场景小品价格差距非常大，需要注意。

图 100：为假树喷涂保护漆，增强牢固性。

图 101：安装假树。这种树通常是使用金属丝卷成躯干并涂上木色，再在枝干上粘贴树粉（打碎并染色的聚氨酯海绵）制成。所用的金属丝及树粉越细，制作出来的假树就越精细，售价就越高。

图 102：摆放油桶装饰。

图 103：最后为地板再次渍洗，调整最终效果。

图 104 和图 105：假组图与完成图对比，快找一幢你们城市的标志性建筑，并将其呈现在桌面上吧。

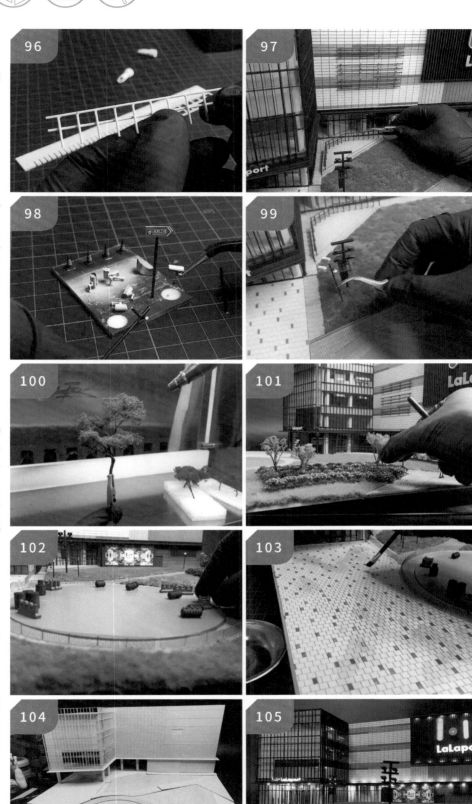

得益于容易切割的材料，制作者们才能实现错综复杂的地形，使场景模型可以表现山脉、高原、平原、盆地和丘陵等多种地形。

目前，火星和月球被人们认为是除了地球以外最有可能建立人类生存空间的星球，火星的神秘面纱也随着一次次太空探索逐渐清晰。

火星在不同的高达动画作品中皆有描写，在《机动战士高达 F90》漫画中，UC 世纪的吉恩军残部在火星建立了军事基地，并在奥林帕斯山部署了灭星武装；《机动战士高达 AGE》中，AG 世纪一场失败的太空探索为之后维根向地球发起的战争埋下了伏笔；《机动战士高达：铁血的奥尔芬斯》中，火星已成为人们习以为常的生活环境，而本节的故事则是发生在其中火星的一处峡谷。

4.2　厄祭战的终结者（火星场景）

4.2.1　地形制作

图1~图3：根据场景主角的站位，使用挤塑板搭建出大致的地形。

图4：挤塑板容易被切割，也能被牙签轻松刺入，且不会有飞屑，可以理解为是一种"高性能的泡沫板"。

图5：使用热熔胶黏合板材，热熔胶干得特别快，操作必须迅速。如果想要更多操作时间，需改用泡沫胶（UHU胶就是小包装的泡沫胶）。

图6：足够的牙签可以提供支撑力。

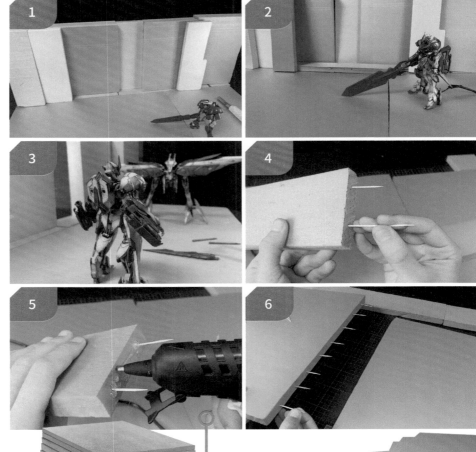

使用挤塑板制作场景的大致造型。

因为雪弗板比挤塑板更硬，所以其具有一定强度。

图7和图8：裁切一块雪弗板，作为山坡的支架。

4.2.2　雕刻地形纹路

图9：将挤塑板切成石头的样子备用。

图10：使用美工刀雕刻地形，注意不要将刀口朝向身体任何部位。

图11：将石头造型的挤塑板粘贴在雪弗板支架上。

图12和图13：使用电烙铁雕刻地形。

图14：粘贴更多的挤塑板碎块并使用美工刀雕刻。

图15和图16：使用牙签雕刻地形。

4.2.3　涂装泥子

图17：取泥子粉于杯中，泥子比石膏干得慢，同样起到塑形作用。

图18：将水混入泥子粉，调整黏稠度至类似丙烯颜料的状态。

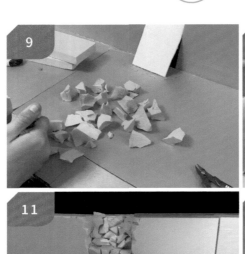

图 19：将泥子涂装至挤塑板表面。

图 20：可以用笔刷适当刷出纹理。

图 21：针对大面积的涂装，可以分小批多次调制泥子。

图 22 和图 23：泥子涂装完成后效果如图所示。

4.2.4　补充地形细节

图 24：使用市售的场景用品，为地台增加层次。

图 25 和图 26：根据实际需要，酌情添加。

图 27 和图 28：使用美工刀适当修饰地台，使之更加自然。

4.2.5 旧化涂装

图 29 和图 30：使用珐琅漆为奥尔加乘坐的小车施加旧化。

4.2.6 地台上色

图 31：将丙烯涂料稀释至合适的浓度。

图 32~图 34：使用丙烯涂料为地台上色。

4.2.7 细节与植草

图 35：这是市售的场景用碎石。

图 36：将稀释过的白乳胶涂在需要粘贴碎石的位置。因为热熔胶无法与石膏及泥子粉黏合，所以不能用热熔胶代替白胶。

图 37 和图 38：将碎石粘贴至地台。

图 39~ 图 41：继续调整碎石的位置与密度。

图 42：将白乳胶涂在亚克力板上。

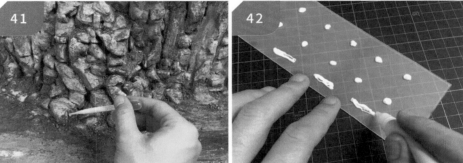

图 43：将市售的草粉洒在上面，回收未黏住的草粉。

图 44：待白乳胶干透后，会变得透明，与剩下的草粉组成草堆。

图 45：这是市售的各类水性漆。

图 46：取少量油漆于调色皿中。

图 47 和图 48：使用面相笔将油漆勾勒在地台的阴影处。

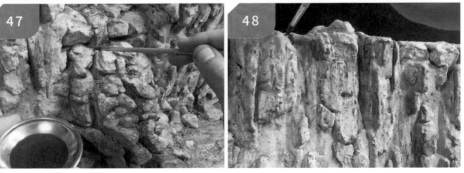

图 49 和图 50：继续深化
细节。

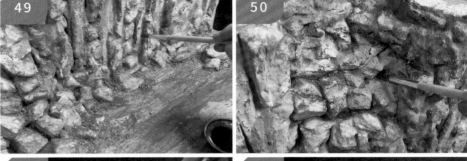

图 51：将白乳胶稀释于
喷壶中。

图 52：喷洒至地台上，
将之前施加的砂石及其他细节
固定。

图 53：将白乳胶点在需
要植草的位置。

图 54~ 图 57：将准备好
的草堆粘贴在地台上。

图 58：继续用水性漆加
强阴影。

图59：这是市售的旧化土。

图60：将黄色的旧化土撒在地台上并粘贴。

4.2.8 电源制作

图61：取适量的棉花。

图62和图63：将锂电池藏在切好的挤塑板内。

图64：将挤塑板涂装成与地台一致的石头色。

图65：将棉花的色调涂装至与背景一致。

图66和图67：该电源用于为场景中的机体模型供电。为锂电池充电时，一定要先连接防过充保护板，再连接电源。

图68：动漫剧情中，奥尔加驱车来到战场，指挥伙伴们作战。

　　故事发生于漫画《机动战士海盗高达：钢铁的七人》，在宇宙世纪 0133 年的木星战争中，先锋母舰被击沉，战争结束三年后，托比亚借助战舰"小狝号"及其船员的力量，在一颗殖民卫星上创建了"黑猫运输"公司，作为"十字先锋军"的伪装身份。和平年代期间，以废弃物处理及运输作为经济来源，而当宇宙出现以合法手段无法解决的问题时，换上"十字先锋军"挺身而出。这一次，他们面对的是再次发生动乱的木星帝国。

　　这里选用寿屋的搭纳库，搭配 SketchUp 软件建模生成...UG NX 软件建模战舰设备，搭建出漫画主角托比亚·阿罗纳克斯及其组建的"钢铁的七人"团队在出发前一天的舰内场景。

　　图中为...的"黑猫运输"公司 LOGO。

BLACKROWE

4.3 海盗高达钢铁的七人（舰内场景）

4.3.1 甲板假组

图1和图2：本次制作的是寿屋品牌的老版本格纳库，该格纳库自推出至今已十余年，造型非常经典，所以决定用新技术制作该套件。

图3和图4：因为要制作舰内生活空间，所以将背板以90°造型安装。

为了削除干涉，先用剪钳粗略修剪多余的造型，再使用砂带机打磨。

最后，用热熔胶及AB补土在直角处补强。

图5：为了将完全封闭的背板开透明窗，需要将背板开一个洞。因为黏合了直角的背板难以正面朝上放入切割机，所以在背面画上草稿，置入激光切割机内切出大致造型。

图6：除了这种方法外，也可以用电钻在需要切割的区域打一圈洞，然后用剪钳剪断孔洞之间的连接。

激光切割完成后如图所示，接下来只要将空缺挖掉并打磨修整即可。

图7：完整的地台假组如图所示，左上角的区域将放入战舰内部的生活空间。

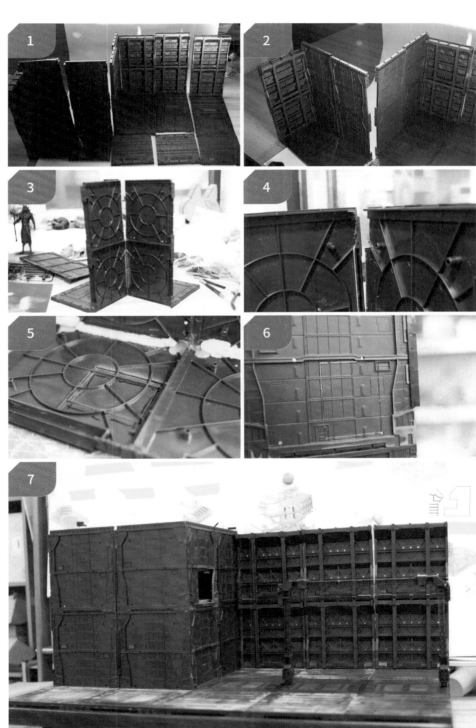

4.3.2 制作通道

图 8：本次战舰生活空间共计制作 4 个大层，每层高 7cm，对应现实中 7m 的层高，大层内再根据实际情况分割小层，小层为两小层或三小层。

图为 SketchUp 软件中，正在建模的二楼宿舍区域。

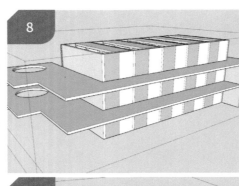

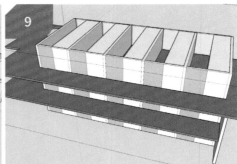

图 9~ 图 11：该宿舍共分为三层，每层共有 5 间房间，每间房间各有 6 个床位。

图中用红色强调的部分就是每层宿舍的层板，我们要制作连通的通道。

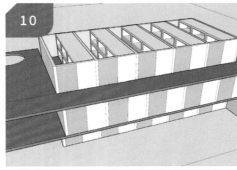

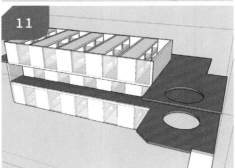

图 12：用"直线"工具绘制如图所示的线条。

图 13：使用"推"工具，将图形拉至宿舍三楼平台处。

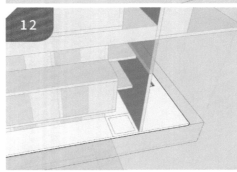

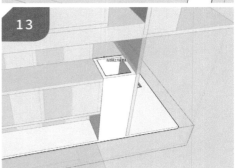

图 14：在宿舍一楼处的通道上，描出与其他墙壁衔接处的线段。

图 15：使用"偏移"工具，绘制偏置距离为"2mm"的矩形。

图 16：使用"推"工具，将矩形推至该特征内壁。

图 17：这是通向一楼的方向。

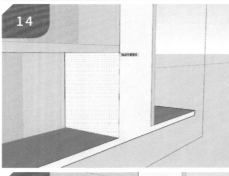

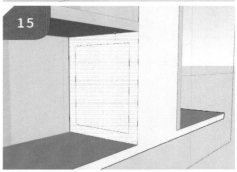

图 18：使用"直线"工具，在二楼底板上描出轮廓线。

图 19：使用"偏移"工具，绘制一个偏置距离为"2mm"的矩形。

图 20：使用"推"工具，将矩形推至另一面的平面。

图 21：通道暂时如图所示。

4.3.3　分离模型

图 22：在 SketchUp 中绘制的所有图形默认与相连的模型合并，会对后续的修改造成很大的障碍。

为所有模型分别打组是必须养成的习惯，否则无法建立复杂模型。

图 23：开启"隐藏剩余模型"功能，双击通道，通过如图所示的模型，可得知目前该通道和二楼底板是一个整体。

图 24：只选中通道的部分，右击模型，单击"创建群组"命令。

图 25：双击进入该模型，发现有一条线段被误选。

图 26：选中需要的部分，右击模型，单击"创建群组"命令。

图 27：单击空白处，此时群组关系为二楼 { 底板 [底板的线段 (通道)]}，右击通道模型，单击"炸开模型"命令。

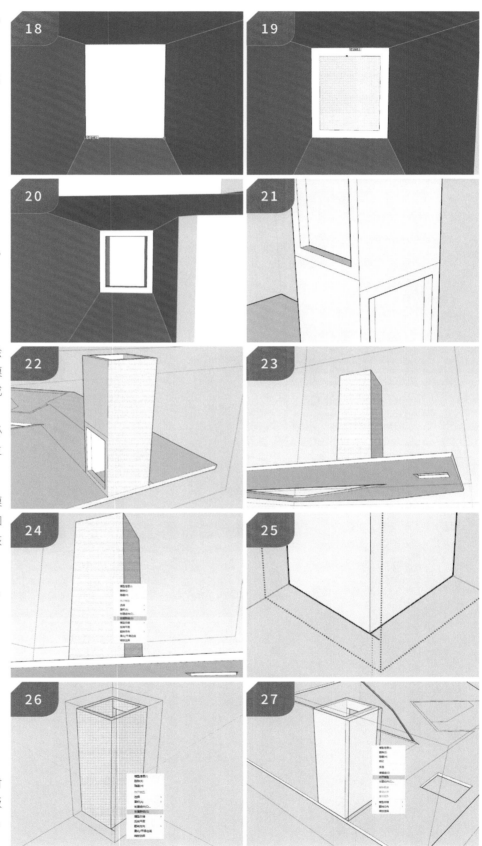

图 28：此时群组关系为 [底板（通道）]。

按 Ctrl+A 快捷键，然后按住 Shift 键不放，单击通道使之被取消选择，放开 Shift 键，右击选中的模型，单击"创建群组"命令。

此时的群组关系为 [（底板）（通道）]。

再回到上一级，右击模型，单击"炸开模型"命令。

最终的群组关系为（底板）（通道）。

图 29：有一些共用的面被包含至其他模型的群组中，所以产生了模型破面。

图 30：绘制缺失的线段。

图 31：平面恢复完整。

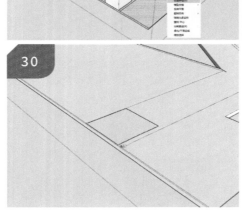

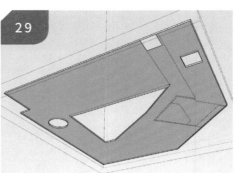

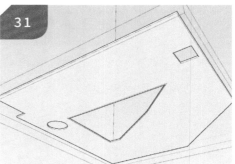

图 32：通道暂时如图所示。

之后用同样的方法继续绘制通道，并根据 3D 打印的需求分离模型。

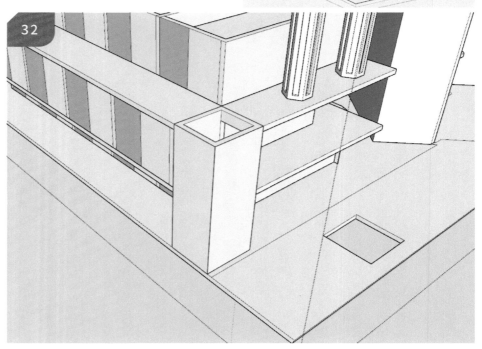

4.3.4　分件并导出（SketchUp）

图 33：四楼层板有一处镂空做出了高低落差，这处落差将使用 3D 打印输出，层板处则使用激光切割输出。

图 34：根据之前的方法分离模型。

图 35 和图 36：分离后的模型产生了破面，使用"直线"工具将破面补全。

图 37：选中该零件，单击"文件"菜单中的"导出"，选择"三维模型"命令，在导出页面内勾选"仅导出当前选择的内容"。

图 38：将剩余的底板零件编组。

图 39：破面及多出的面如图所示。

图 40：修整完成后如图所示。

图 41：选择"炸开模型"命令，使之归入根目录。

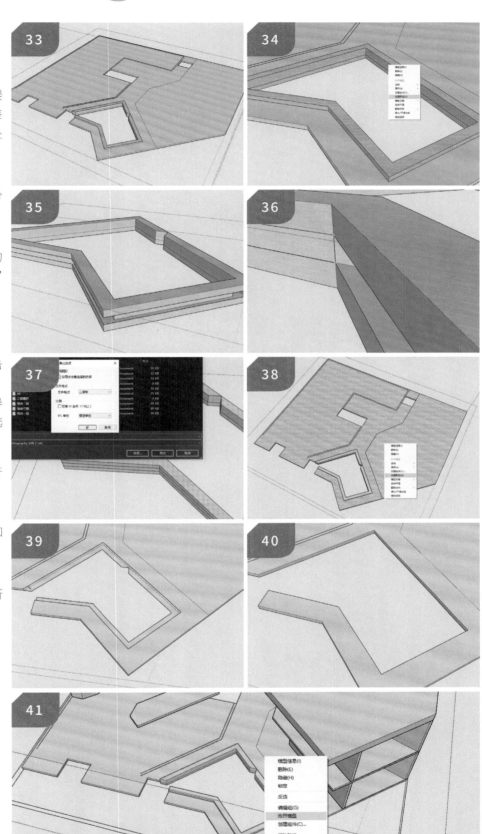

4.3.5 试制品制作

图 42 和图 43：将 SketchUp 模型分解为 3D 打印及激光切割的两部分后，便使用粗糙的 FDM 技术（图中铜色、灰色及透明蓝色的材料）及廉价的木板试验，将调试文件的成本降到最低。

经过 2~3 轮调试后，便将 3D 模型发送至专业的 3D 打印公司，使用工业 SLA 机器打印（115 页的白色零件），可以在 1~3 天内获取所有模型，且所有模型均在出厂前经过清洗及打磨。激光切割部分（112 页的黑色 ABS 板）则在上海蘑菇云创客空间内切割完成。也可将切割图纸发送至专业的激光切割公司，以本模型的零件量来说，1 天以后便可收到所有零件。

图 44~ 图 47：木板部分为密度板，密度板的价格是 ABS 的十分之一，且板材非常平整光滑，非常适合测试零件，缺点是激光切割后边缘有黑色的粉末，需要用水冲洗，且冲洗时不能浸泡水，否则会弯曲并报废。

如果不想被焦掉的黑色粉末困扰，可以选择价格更贵的椴木胶合板。

4.3.6　激光切割

图 48 和图 49：利用移动工具，按 Ctrl 键，将 SketchUp 模型的每个面复制并排列，下一步将导出为 dxf 格式，在 lasermaker 内排版为切割图纸。

48

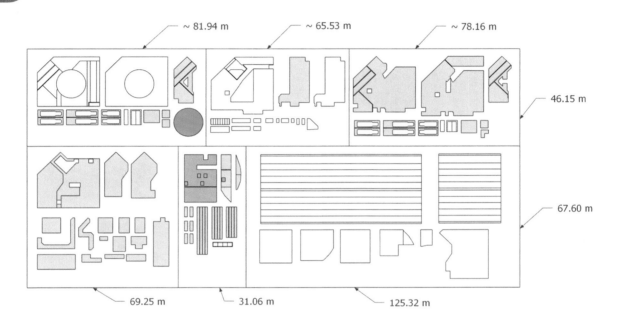

~ 81.94 m　　~ 65.53 m　　~ 78.16 m

46.15 m

67.60 m

69.25 m　　31.06 m　　125.32 m

49

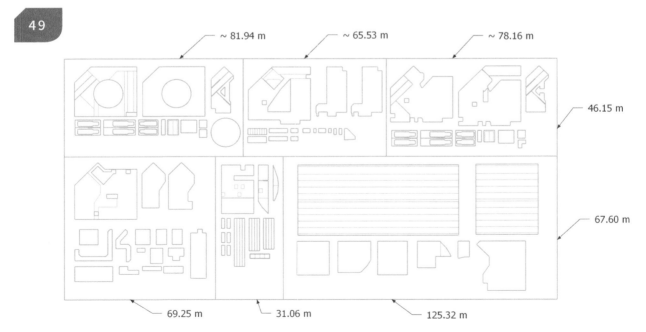

~ 81.94 m　　~ 65.53 m　　~ 78.16 m

46.15 m

67.60 m

69.25 m　　31.06 m　　125.32 m

图 50：这是经由激光切割机加工的密度板，厚度为 6mm，是底座的底板部分，预先潜雕了支撑部分的轮廓线条作为标记。

图 51：这是经由激光切割机加工的密度板，厚度为 6mm，是底座的盖板部分，预先切割出供电线穿过的孔洞。

图 52~ 图 53：这是经由激光切割机加工的 ABS 板，厚度为 2mm，包含了图 48 和图 49 的全部零件。

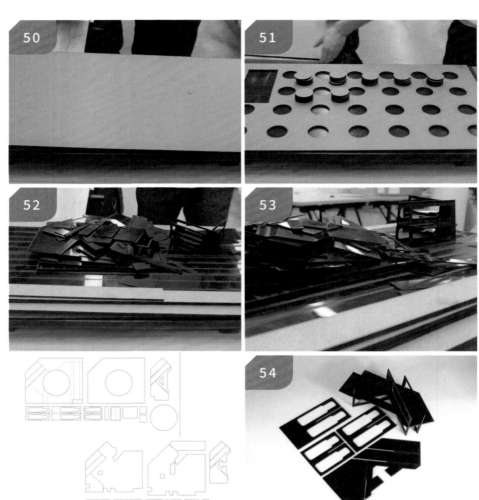

图 54：这是办公室部分的板件，左侧散开的板件为三楼办公室，右侧假组好的是一楼办公室。

图 55：针对 ABS 的材料，使用解胶剂（氯仿）黏合。

图 56：解胶剂会溶解面相笔的刷毛，所以使用廉价的一次性面相笔涂刷。

图 57：涂刷解胶剂的方式是将解胶剂流入待黏合部件的接触面，让材料溶解后再干燥在一起。

待解胶剂干透后，可以涂抹 502 胶 + 爽身粉为容易崩开的位置补充强度。

图 58：使用 220 号的砂纸将边缘打磨平整。

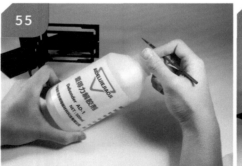

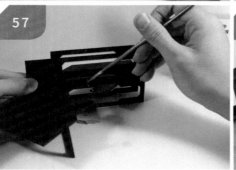

4.3.7　通道设计

图 59：因为宇宙空间与地表不同，没有地心引力，所以不具备上、下、左、右的概念，需要在太空船内人为规定上面与下面，以此方便人们使用。在通道设计上，与地表设施大有不同，在地表设施内设置通道时，由扶梯或电梯将人员输送至每层楼的走廊，其中，扶梯输送效率高，但占用空间大；电梯占用空间小，但输送效率低。在地表上，抬升高度需要设计"爬坡"，以此来缓解势能的变化，而在太空中则完全不需要，人们可以在任何角度甚至"垂直"的走廊中穿行。

因为角动量守恒，不借助工具在无重力环境下移动将变得非常困难，一旦人类处于无法触及墙壁的悬空状态时，且初速度耗尽时，只能通过舱内的空气循环系统缓慢漂浮，这一过程就像是回到家门口既没有带钥匙，也没有带手机联系家人，非常被动。所以走廊的宽度均为 1.8~2 米，且内部应当配有按标准分布的把手，如果有条件，还应当配有电动滑轨把手。

该舰在设定上承载着近一百名船员的起居及工作，共设置了三处升降平台，以供每天的日常送餐、回收垃圾，及运送大型物品。

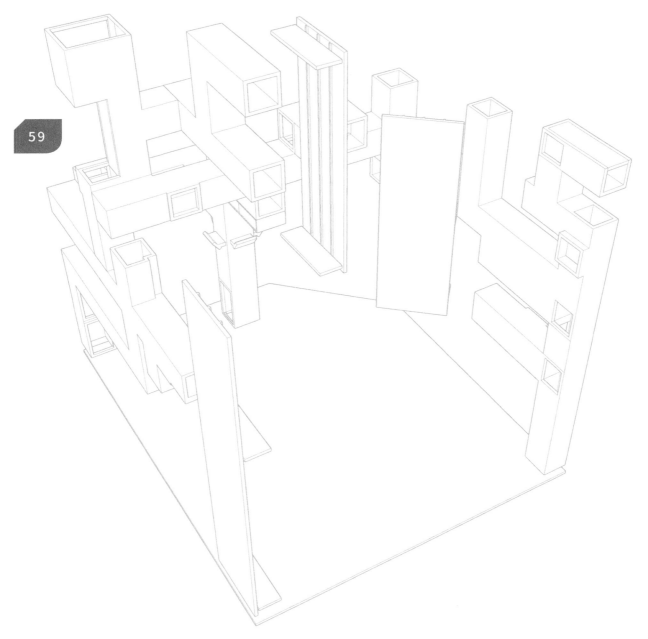

59

4.3.8 3D 打印

图 60（1）：将通道拆分成 7 个零件，背景设定上是太空的纵横通用通道，在模型方面有着骨架支撑的意义。

图 60（2）：作战室毛坯，因造型略复杂而采用 3D 打印方式制作，该部分后续与通道 F 组合。

图 60（3）：密室入口前厅，该部分后续与通道 C 黏合并修整。

图 60（4）：密室三楼，后续与密室图 60（5）零件黏合。

图 60（5）：密室，内部划分为三层，每层摆放一架 5.9 太空载具，设定上用于应对突发情况。

图 60（6）~（8）：宿舍一楼至三楼。

图 60（9）：二楼围栏。

图 60（10）：四楼围栏。

图 60（11）~（12）：生命维持装置。

图 60（13）：套房隔断，该零件要打印两份。位于战舰的四楼，共计分为两层，每层共有 7 个房间，供职级较高的人员或宾客居住。

将以上 3D 数据从 SketchUp 软件中导出为 stl 格式，再用 MaterialiseMagics 软件检查尺寸及方向，确保无误后发送至 3D 打印公司。

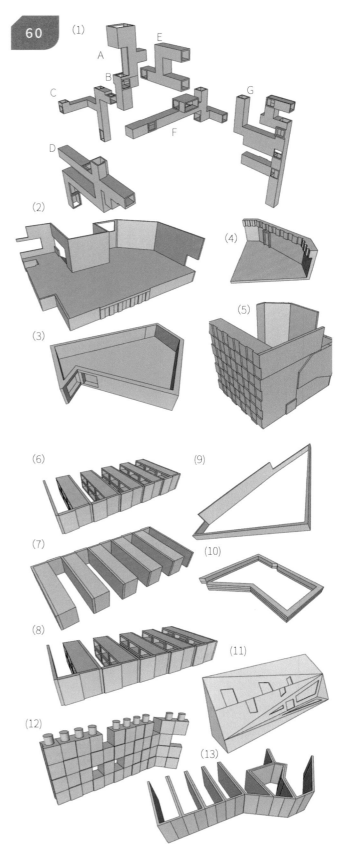

图 61：这是从 3D 打印公司发送而来的打印件，3D 打印公司使用 SLA（立体光刻）技术将数据打印成实体模型，这种技术的优点就是适合工厂规模化生产。

图 62：解开包装后清点数量无误，虽然打印件已经在工厂被修整过，但收到后仍需要进一步打磨修整。

图 63~图 65：图 60 中的（5）零件，之所以要将内部的隔板单独制作，是为了尽可能少产生支撑零件，方便修整。

图 66~图 69：图 60 中的（2）零件，因为是关键的观赏位置，所以在底部预留了很大的凹槽，用于安装贴片 LED 灯。

工厂通常采用体积较大的 SLA 打印机批量化生产。

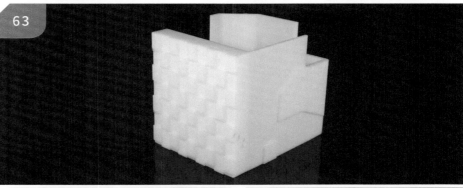

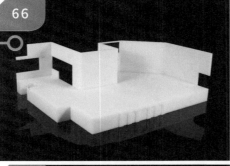
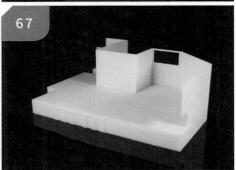
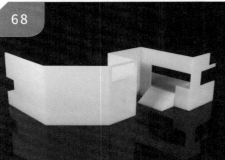
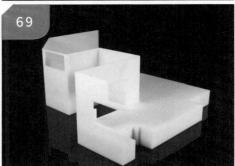

图 70 和图 71：第 5 章所展示的模型是用 UG NX 软件建模的，这些模型具有更加复杂的造型，所以委托 3D 打印公司用 DLP 技术打印，以获得更高品质的模型。

UG NX

DLP 打印机多用于口腔医学领域，打印精细程度高于 LCD、SLA 及 FDM。

图 72~ 图 74：这些是从市面上购买的 3D 打印件，通常是由工作室设计并自行使用 LCD 打印机打印而成。目前市面上有阿努比斯、模式玩造、52 区工作室等品牌销售这种产品。

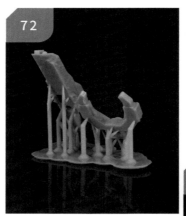

图 72 和图 73 为 52 区工作室的产品；图 74 为阿努比斯的产品。

4.3.9　修整环节

图 75~ 图 81：修整完成后效果如图所示，红色部分为杜邦红灰、白色部分为田宫牙膏补土、肉色部分为 AB 补土，整个修整过程大约持续了 8 天左右。

之后统一喷涂一层灰色水补土，检查完瑕疵后，再上第二遍灰色水补土。

这种大面积填补就不能再只用 600 号砂纸打磨了，必须先从 180 号砂纸开始。具体做法是先用大量 180 号砂纸将需要修整的位置打磨平整，再喷涂水补土，最后用 600 号砂纸将水补土打磨掉，以此来确保改造痕迹不会影响到喷涂完的成品效果。

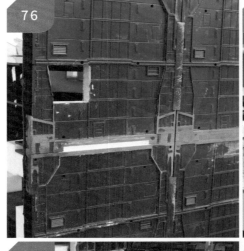

杜邦红灰的味道非常刺鼻，打磨时需身处通风环境，并佩戴口罩。

4.3.10　修整完毕

图82：这些是市售的注塑件，款式为寿屋的经典格纳库，本次制作主要是将散片相连，并填补了作品中不需要呈现的孔洞。

为了方便理解图104的线路布置，将这些零件以底板A、底板B、底板C、底板D、背板和侧板命名。

图83：这些是3D打印件，在打印前均已被设计成不容易产生支撑的造型，所以修整过程非常顺利。

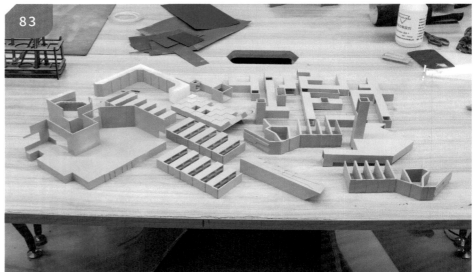

图84：这些是激光切割件，在上色前需要拼合并打磨接合面。

4.3.11　涂装环节

图 85：因为需要被遮盖的面积相较于高达模型而言非常大，所以改用了宽幅（50mm）更大的遮盖带。

将遮盖带粘贴在模型表面后，用笔刀将多余的部分切除，注意不要划伤零件表面。

图 86：为框架部分喷涂 KM02 金属宝蓝。蓝白配色对应动漫主角托比亚·阿罗纳克斯结束木星战争后的蓝白太空服。

图 87：揭开遮盖带时需注意不要划伤零件，也留意不要留下残胶。

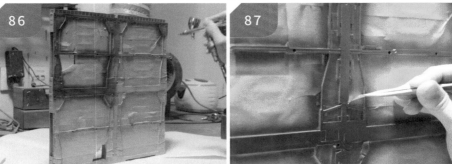

图 88 和图 89：为通道零件喷涂 G074 中灰色 IV。

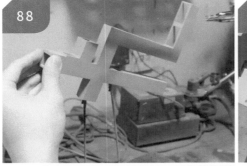

图 90：为宿舍零件喷涂 KH00G 风卷残云。

图 91：为宿舍隔板零件喷涂 KM00 金属铁。

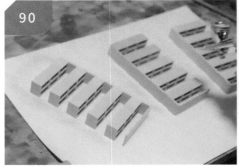

图 92：将宿舍零件除门以外的部分遮盖住，为宿舍门部分喷涂 KM02 金属宝蓝。

图 93：将密室零件除装饰条以外的部分遮盖住，为装饰条部分喷涂 KM02 金属宝蓝。

图 94：为密室入口前厅喷涂 GX214 超级冰银色。

图 95：因为后续有可能在其中布设灯光，所以将三楼楼板夹层内部喷涂成银色备用。

图 96：为电梯零件喷涂 KH00B 飞龙翼。

图 97：其他通道零件也像图 88 和图 89 一样喷涂 GG074 中灰色 IV。

对于这种不方便夹持的零件，可以放置于纸上，先喷涂背靠桌面的部分，待干透后再翻过来，喷涂之前靠在桌面上的一面。

图 98：套房零件的门则喷涂了 KM0 金属细银。

图 99~ 图 101：至此为止，喷涂环节已大致完成。

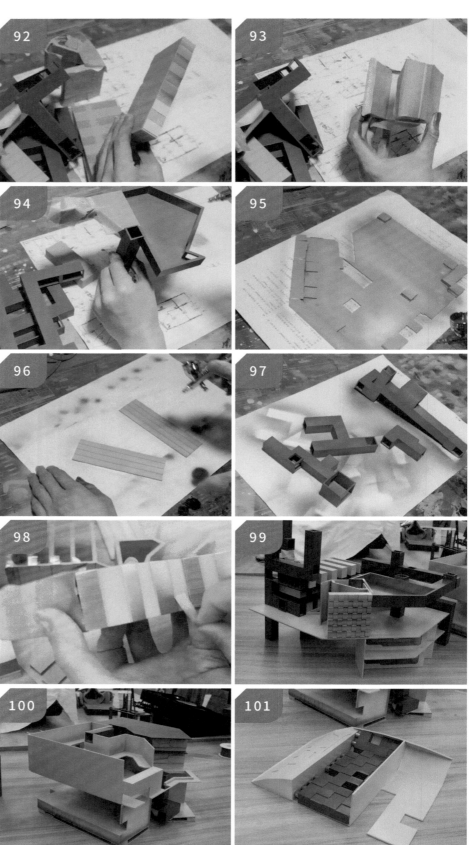

4.3.12 电路设计

图 102：如图所示，开关共有 5 个接线脚，不同批次的颜色可能不同，在图 104 中可以看出，5 个接线脚的线色分别为红色、黑色、蓝色、白色、绿色（地线不用）。

因为我们通常用白色及暖色表示正极、黑色及冷色表示负极，其中蓝线的颜色可以视为厂家不规范，为了与其对应，只能在电路图中无奈地将错就错。

该开关按钮将火线（正极）断开成蓝线（正极）及白线（正极），白线一头接 LED 灯的正极线，蓝线一头接电源正极，若将电源正极接在白线上，则开关无法控制 LED 灯亮灭。

按钮自带发光功能，火线为红线，若将该线接在白线上，则按钮灯平时为熄灭状态，启动按钮后模型的 LED 灯与按钮灯同时被点亮。

无论在电路中接上多少开关，零线（负极）都是共用的，按钮断开的是火线（正极）。

图 103：若将按钮灯的红线接在电源的正极上，则通电后按钮灯保持常亮（图 106），启动按钮后再点亮模型的 LED 灯，本次作品就是采用这种接线方法。

电源的正极为红色，使用市售的白线将其延长，并将其与按钮灯的火线（红）、开关按钮的一段火线（蓝）相连。

电源的负极为黑色，使用市售的紫线将其延长，并将其与开关按钮的零线（黑）相连。

一部分 LED 灯是在购物网站上买的，由商家焊接，另一部分则是自己焊接的，所以正负极的线色略有不同，但都符合规则。将 LED 的正极接在开关的白线上，将负极接在电源的紫线上。

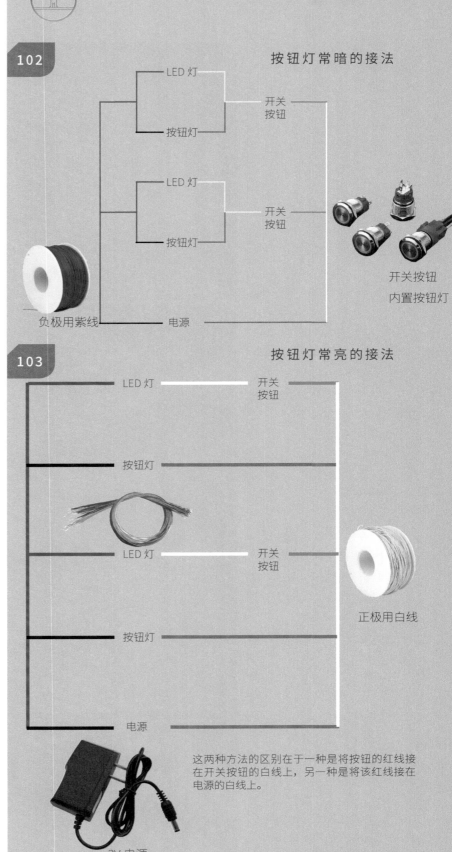

按钮灯常暗的接法

开关按钮
内置按钮灯

负极用紫线

按钮灯常亮的接法

正极用白线

3V 电源

这两种方法的区别在于一种是将按钮的红线接在开关按钮的白线上，另一种是将该红线接在电源的白线上。

图104：这是由激光切割密度板制作的底座，左上角为电源线接口，右下角为按钮接口。

图105：盖上预留孔位的木板后，也可以通过孔洞将线伸进去。

图106：从左至右依次为：

① 红色按钮（房子图案）——控制室内空间灯的亮灭；

② 绿色按钮（道路图案）——控制底板红色灯的亮灭；

③ 黄色按钮（灯泡图案）——控制底板黄色灯的亮灭；

④ 白色按钮（灯泡图案）——控制底板白色灯的亮灭；

⑤ 蓝色按钮（灯泡图案）——控制背板灯的亮灭。

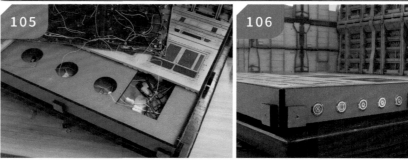

图107：数字代表按钮序号，字母代表底板序号。

红色按钮的正负极位于室内空间的正中心，分别为"1+"及"1-"。

绿色按钮、黄色按钮、白色按钮的正极各分为4个，对应4块底板，共计12个正极接口，而负极被分为4个，对应4块底板。

蓝色按钮的正负极位于底板D的下方，分别为"5+"及"5-"。

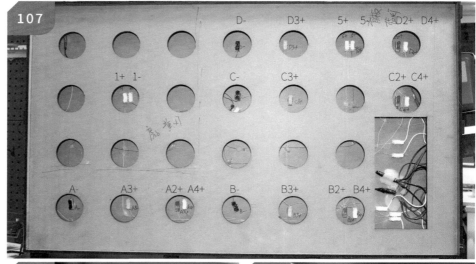

图108和图109：将贴片LED灯线的末端外皮烧掉，并测试是否能点亮。

图 110 和图 111：使用电钻为需要穿线的位置打孔，图中零件为宿舍二楼，该位置被设计在了看不到的区域。

图 112 和图 113：为三楼的底板打上整齐的孔洞，目的是为了照亮二楼的大厅、密室及宿舍三楼。

图 114：寿屋的格纳库本身就有孔洞，直接将焊好的贴片 LED 灯塞入即可。

图 115~ 图 117：使用热熔胶固定贴片 LED 灯。

图中可以看到白正紫负、红正黑负、白正黑负、红正紫负及正负极都是漆包线的多种款式贴片 LED 灯，其实都是同样的 0805 贴片 LED 灯，只是电线种类不同而已。

图 118：准备一根长的 30AWG 皮线，使用打火机将要绕线部分的胶皮烧掉，将灯的正极末端缠在线上汇总。

图 119：不要吝啬电线，多缠几圈。

如果是皮线，则要确保连接处的胶皮被燃烧殆尽；如果是漆包线，则尽量多烧几次，以免残留漆包影响接触。

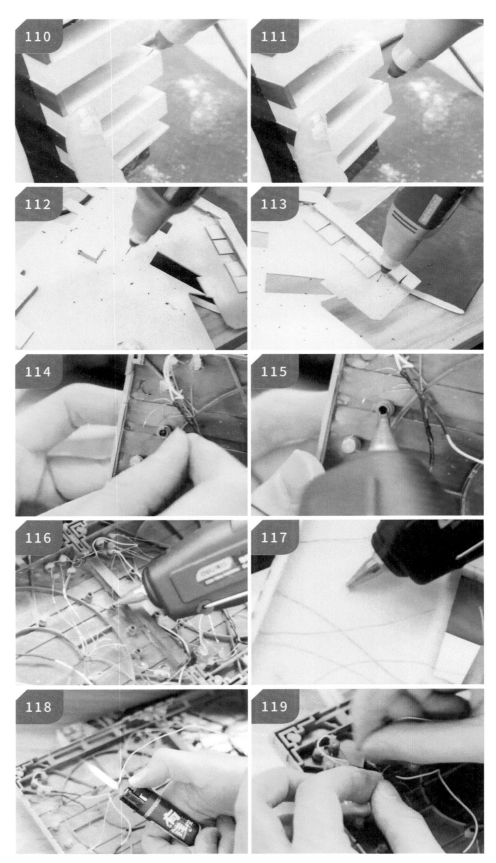

图 120：剪出合适大小的热缩管，并套进去。所使用的热缩管的外径为 2mm。

图 121：确保裸露的位置被完全覆盖。

图 122：使用打火机加热热缩管，使其包裹住电线。

图 123：完成背板接线后如图所示。

图 124 和图 125：初步固定完作战室的贴片 LED 灯，接下来要用皮线将其正极及负极分别汇总。

图 126 和图 127：直接将汇总完的线接到接线端子上。

图 128：室内空间亮灯效果如图所示。

图 129：格纳库空间亮灯效果如图所示。

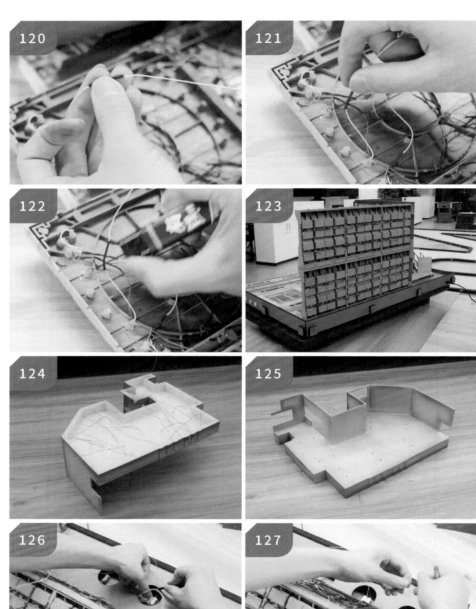

不想自己建模的话，可以先购买市售的建筑模型套件，就能体会到制作建筑场景的乐趣了。本节则选用了 MiniArt 的中世纪城堡，搭配 MG 规格 1/100 比例的死神高达，构建动漫《新机动战记高达 W》中的欧式舞台。

4.4 中世纪古堡（自然场景）

4.4.1 城堡假组

图1和图2：本次制作的是 MiniArt 品牌 HISTORICAL MINIATURES SERIES（历史微缩系列）的中世纪古堡。

打开外包装，内部零件较为简单，这种注塑模型的优点是制作方便，但可定制性不强，大家也常常使用 KT 板制作石制建筑模型。

图3：塔楼组装完成，观察后发现接缝处瑕疵非常明显。

图4：城墙部分的接缝也有明显的穿帮位。

图5：该模型共由一座主楼、一座门楼、四座塔楼、六座幕墙组成。

4.4.2 地形制作

图6：使用挤塑板搭出大致的造型。

图7和图10：挤塑板之间使用牙签及热熔胶（也可以使用泡沫胶，以此延缓操作时间）固定。

注：热熔胶可以黏合泡沫板，但不可以黏合石膏。

图 11：最后一层的背板也扎入了牙签。

图 12：搭建完成后侧面不平整。

图 13：使用砂带机将地台的侧面打磨平整。

图 14：准备杯子、石膏粉、搅拌棒、笔刷，杯子内的水不要超过 1/3，否则倒入石膏后有可能会超过杯口。

图 15：将石膏粉倒入水中，在过程中不断搅拌，待黏稠度调整至糊糊状态，便可涂抹在地台上。

图 16：添加白胶可以使石膏更易附着及抗撕裂，图中分别是不同品牌的 400g 装及 4000g 装，成分均与文具店卖的小瓶手工用白胶相同。

注：泡沫胶不可以加入石膏内。

图 17 和图 18：涂完石膏后效果如图所示。

4.4.3 水景制作

图 19（1）和图 19（2）：图中分别是从不同店铺购买的滴胶，包装与分量均不同。

市面上购买的美甲滴胶、河流滴胶、挂件滴胶、标本滴胶等包装标签均有差异，其产品均与图中相同，分为 A 胶及 B 胶，其中 A 胶为主剂、B 胶为固化剂。

滴胶在混合后有爆聚（能量向内聚集，与能量向外扩散的爆炸相对的反应）风险，令原本需要 12 小时固化的滴胶在短短几分钟内固化，需要特别注意以下几点：

①切忌温度过高，需注意环境温度及散热条件。

②一次混合不要超过 200mL 到 300mL。

③临时容器不要选择笔筒、饮料瓶等细长的瓶子。

滴胶混合后，正常情况下会持续发出低热，若触犯以上几点注意事项，则会超过安全温度，使反应失去控制，引发爆聚，盛放滴胶的软壁容器可能会被烫变形、硬壁容器则可能会爆开。

图 20 和图 21：准备 1mm 厚的 PET 板制作模具，使用激光切割分别切出：（580+2）mm×（465+2mm）一张；580mm×230mm 两张；（465+2）mm×230mm 两张。

其中，括号中的"+2"表示另外两张板的厚度，如果板材非 1mm 厚度，则需要另外计算。

使用封箱胶带将板材衔接处黏牢，注意胶带切成小段，

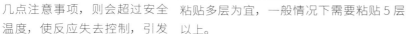

粘贴多层为宜，一般情况下需要粘贴 5 层以上。

待胶带粘贴完毕后，需要先灌入自来水做水密测试，测试通过后将内壁水倒空，并擦干水珠。

图 22~图 24：放入地台，少量多次灌入滴胶，注意散热通风。

1mm 的 PET 板较软，会向外倾斜，所以四周放置木条用于固定模具的板型。

待固化反应一段时间，放热现象不明显后，在顶部盖上了一块 KT 板，防止灰尘污染滴胶。

图 25：用台锯将边缘切割出造型。

4.4.4　城堡及地形

图 26：使用激光切割机切割出边长 2cm、厚度 5mm 的正方形亚克力板，粘贴至空心的城堡模型内部补充强度。

图 27：粘贴一张亚克力板后效果如图所示，再根据实际情况粘贴更多亚克力板，并塞入还未干燥的石膏补充强度。

图 28：原先制作的地形与城堡之间有一些空隙，这是很难避免的。

图 29：将石膏涂抹至空隙处，注意处理好与原先石膏的衔接。

图 30：主楼的空隙最大，填补了非常多的石膏将地形补全。

图 31：有些石膏黏到了城堡模型上，使用笔刀将其刮除。

图 32：涂装石膏的白色部分。

图 33：挤一些白胶于地形上。

图 34：使用笔刷将其涂抹开。

图 35：撒上草粉后效果如图所示。

不必为露出的白色部分感到担心，白胶干燥后会变得透明。

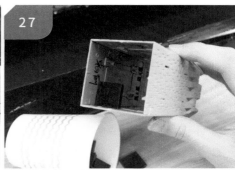

图 36：这是田宫的水溶型水性漆，选择适合的红棕色，加入 X-20A 稀释剂将其调至稀薄状。

图 37~ 图 39：将其于地形上涂抹开，使其更具有立体感。

图 40：使用笔刷将水景膏涂抹在滴胶水景上。这种水景膏看起来有点像热熔胶，也有点像防蚊用的清凉油膏，还有点像冷却干燥后的猪油。

涂抹完成后，不要再触摸，等待其静置一天后干燥。

4.4.5　城堡涂装

图 41：在喷涂了灰色水补土的城堡上薄喷一层紫红色作为底色。之后薄喷一层 KR0 光泽基本白。

图 42：这是郡仕的水溶型水性漆，选择适合的蓝色及黑色，加入 X-20A 稀释剂调配出稀薄的蓝黑色。

图 43：使用笔刷将其于城堡墙壁上涂抹开，使其更具有立体感。

图 44：涂装前后对比效果如图所示。

图 45：最后，为城堡及地形喷涂一层消光保护漆，一切便大功告成。注意不要喷涂到水景上。

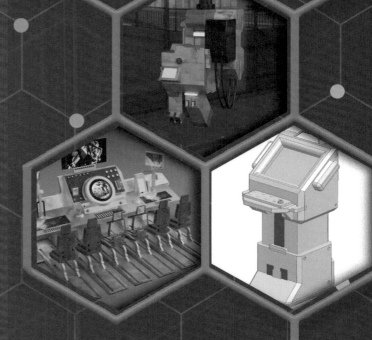

第 5 章　模型建模实例

使用软件：UG NX **NX**

本书附带的模型资源由 UG NX1938 版本保存，请使用 UG NX 1938 及以上版本打开。

模型下载地址：www.ke-huhuo.com 位置：图书 - 资源下载

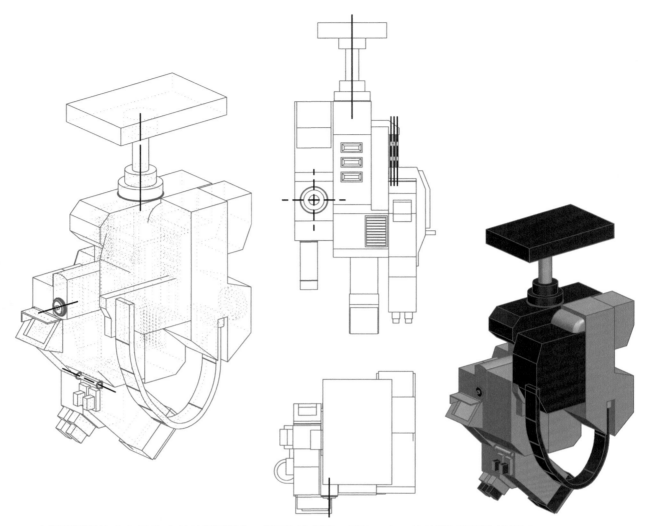

在建模界面按 Ctrl+Shift+D 快捷键可进入工程图制作界面，再按 Ctrl+M 快捷键可返回建模界面。

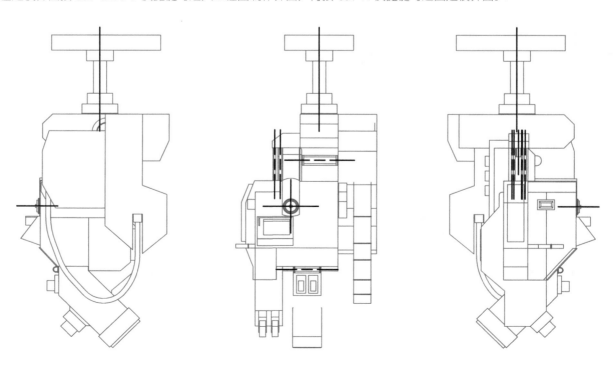

5.1　人工智能服务端

拉伸　倒斜角　边倒圆　基准平面　镜像几何实体　抽壳　减去　合并　阵列几何特征　面倒圆　修剪体

　　本节模型借鉴了电影《月球》的人工智能"柯里"，该部电影特别之处在于其成本相较于其他科幻片非常低，且片中运用了大量比例模型，在《MAKING MOON》一书中展示了该电影的幕后故事。若想还原"4.3.8 3D 打印"中的尺寸，请导出 STL 格式文件后，在 Materialise Magics 软件中将尺寸设置为 8.7mm×9.2mm×20.0mm。

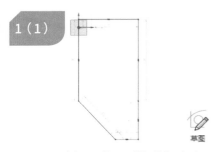

　　图 1（1）：使用"拉伸"命令，绘制如图所示的草图。

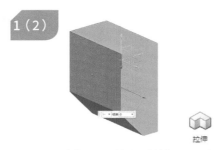

　　图 1（2）：开始为"值"、距离为"－120mm"，结束为"值"、距离为"0mm"。

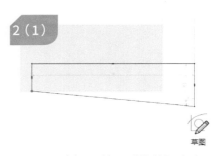

　　图 2（1）：使用"拉伸"命令，绘制如图所示的草图。

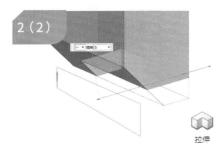

　　图 2（2）开始为"值"、距离为"－120mm"，结束为"值"、距离为"0mm"，布尔运算为"减去"，对步骤 1 的特征切削。

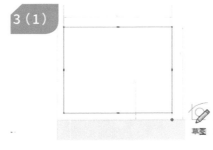

　　图 3（1）：使用"拉伸"命令，绘制如图所示的草图。

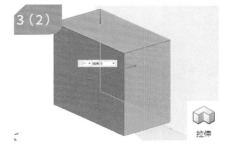

　　图 3（2）：开始为"值"、距离为"28mm"，结束为"值"、距离为"0mm"。

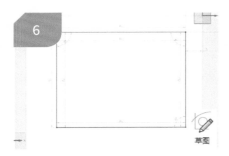

　　图 6：使用"拉伸"命令，绘制如图所示的草图。

　　图 7：开始为"值"、距离为"28mm"，结束为"值"、距离为"－5mm"，布尔运算为"减去"，对步骤 3 的特征切削。

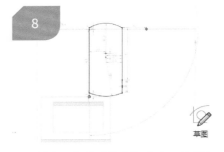

　　图 8：使用"拉伸"命令，绘制如图所示的草图。

注：步骤 4、5 为倒斜角

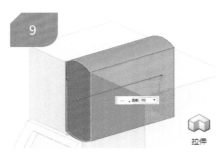

图9：开始为"值"、距离为"1mm"，结束为"值"、距离为"－70mm"。

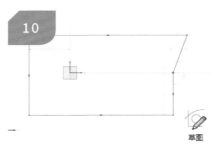

图10：使用"拉伸"命令，绘制如图所示的草图。

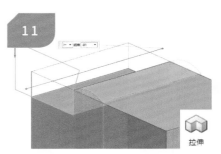

图11：开始为"值"、距离为"18mm"，结束为"值"、距离为"－81mm"，布尔运算为"减去"，对步骤1的特征切削。

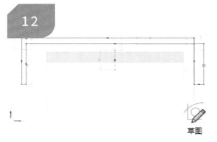

图12：使用"拉伸"命令，绘制如图所示的草图。

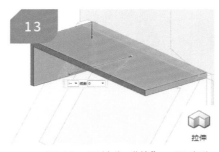

图13：开始为"值"、距离为"21mm"，结束为"值"、距离为"0mm"。

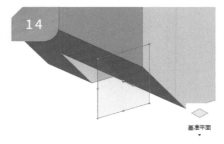

图14：使用"基准平面"命令，选择"曲线和点"；子类型为"一点"；指定点为步骤1特征如图所示边缘线的中点，创建一个新的基准平面。

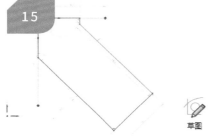

图15：使用"拉伸"命令，绘制如图所示的草图。

图16：开始为"值"、距离为"20mm"，结束为"值"、距离为"－20mm"。

图17：使用"拉伸"命令，绘制如图所示的草图。

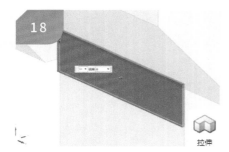

图18：开始为"值"、距离为"0.6mm"，结束为"值"、距离为"0mm"。

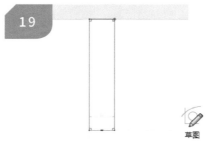

图19：使用"拉伸"命令，绘制如图所示的草图。

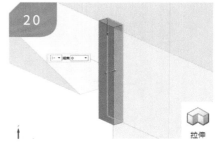

图20：开始为"值"、距离为"1mm"，结束为"值"、距离为"0mm"。

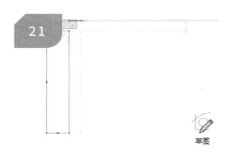

图 21：使用"拉伸"命令，绘制如图所示的草图。

图 22：开始为"值"、距离为"6.5mm"，结束为"值"、距离为"0mm"。

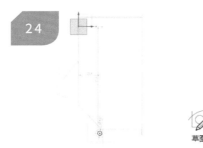

图 24：使用"拉伸"命令，绘制如图所示的草图。

图 25：开始为"值"、距离为"18.1mm"，结束为"值"、距离为"－18.1mm"。

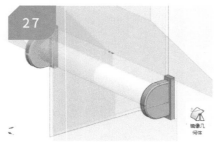

图 27：使用"镜像几何体"命令，将步骤 19~22 的特征复制至另一侧，指定平面为步骤 14 的基准平面。

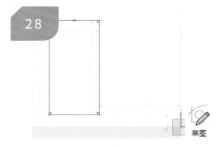

图 28：使用"拉伸"命令，绘制如图所示的草图。

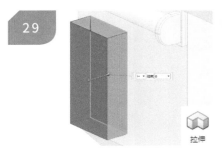

图 29：开始为"值"、距离为"6mm"，结束为"值"、距离为"0mm"。

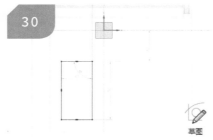

图 30：使用"拉伸"命令，绘制如图所示的草图。

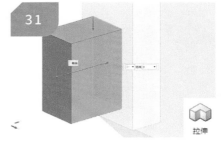

图 31：开始为"值"、距离为"11mm"，结束为"值"、距离为"0mm"。

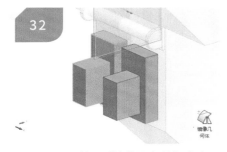

图 32：使用"镜像几何体"命令，将步骤 28~31 的特征复制至另一侧，指定平面为步骤 12 的基准平面。

图 33：使用"拉伸"命令，绘制如图所示的草图。

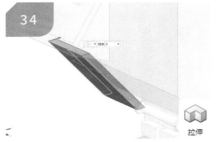

图 34：开始为"值"、距离为"－31mm"，结束为"值"、距离为"0mm"。

注：步骤 23、26 为边倒圆

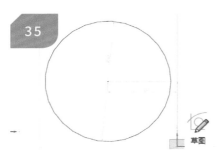

图35：使用"拉伸"命令，绘制如图所示的草图。

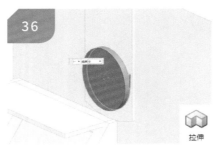

图36：开始为"值"、距离为"2mm"，结束为"值"、距离为"0mm"。

图37：使用"拉伸"命令，绘制如图所示的草图。

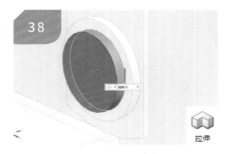

图38：开始为"值"、距离为"2mm"，结束为"值"、距离为"0mm"。

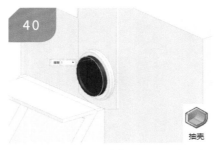

图40：使用"壳"命令，选择"打开"；选择面为步骤37~38的1个面；厚度为"1mm"。

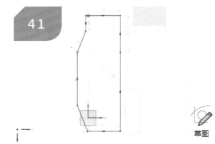

图41：使用"拉伸"命令，绘制如图所示的草图。

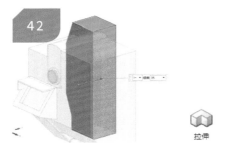

图42：开始为"值"、距离为"0mm"，结束为"值"、距离为"35mm"。

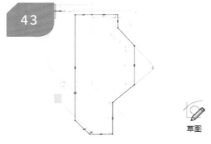

图43：使用"拉伸"命令，绘制如图所示的草图。

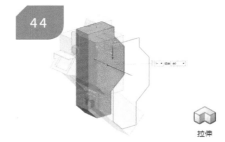

图44：开始为"值"、距离为"－120mm"，结束为"值"、距离为"－80mm"。

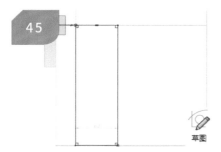

图45：使用"拉伸"命令，绘制如图所示的草图。

图46：开始为"值"、距离为"14mm"，结束为"值"、距离为"0mm"。

图47：使用"拉伸"命令，绘制如图所示的草图。

注：步骤39为边倒圆

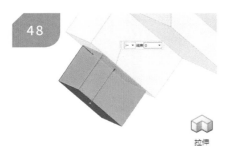

图 48：开始为"值"、距离为
"12.5mm"，结束为"值"、距
离为"0mm"。

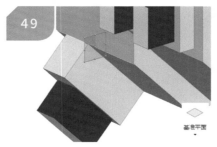

图 49：使用"基准平面"命令，
选择"曲线和点"；子类型为"一点"；
指定点为步骤 43~44 的特征斜边的中
点，创建一个新的基准平面。

图 50：使用"镜像几何体"命令，
将步骤 45~48 的特征复制至另一侧，
指定平面为步骤 49 的基准平面。

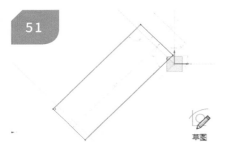

图 51：使用"拉伸"命令，绘制
如图所示的草图。

图 52：开始为"值"、距离为
"1mm"，结束为"值"、距离
为"－41mm"。

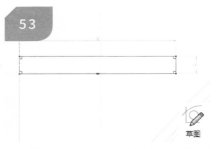

图 53：使用"拉伸"命令，绘制
如图所示的草图。

图 54：开始为"值"、距离为"
－2.5mm"，结束为"值"、距离
为"6mm"。

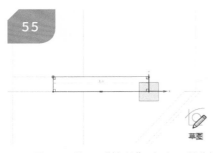

图 55：使用"拉伸"命令，绘制
如图所示的草图。

图 56：开始为"值"、距离为
"0mm"，结束为"值"、距离为
"22mm"。

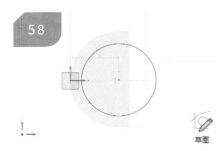

图 58：使用"拉伸"命令，绘制
如图所示的草图。

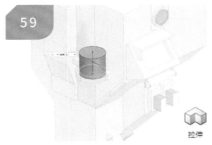

图 59：开始为"值"、距离为"
－3.5mm"，结束为"值"、距离
为"22mm"。

图 60：使用"减去"命令，对步
骤 55~56 的特征切削，工具体为步骤
58~59 的特征．

图 61：使用"减去"命令，对步
骤 53~54 的特征切削，工具体为步骤
58~59 的特征。

注：步骤 57 为边倒圆

图 62：使用"合并"命令，目标为步骤 53~54 的特征；工具体为步骤 55~56 的特征。

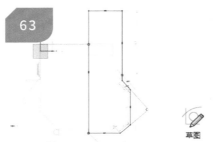

图 63：使用"拉伸"命令，绘制如图所示的草图。

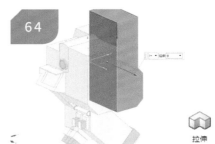

图 64：开始为"值"、距离为"－80mm"，结束为"值"、距离为"0mm"。

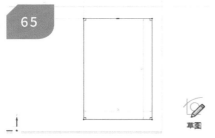

图 65：使用"拉伸"命令，绘制如图所示的草图。

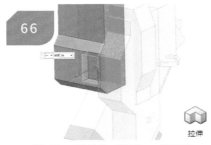

图 66：开始为"值"、距离为"－15mm"，结束为"值"、距离为"34mm"，布尔运算为"减去"，对步骤 63~64 的特征切削。

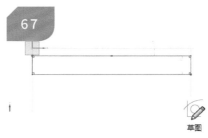

图 67：使用"拉伸"命令，绘制如图所示的草图。

图 68：开始为"值"、距离为"0.2mm"，结束为"值"、距离为"5mm"。

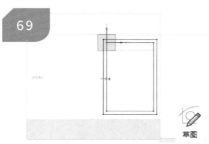

图 69：使用"拉伸"命令，绘制如图所示的草图。

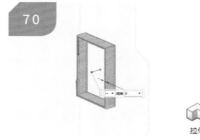

图 70：开始为"值"、距离为"8mm"，结束为"值"、距离为"0mm"。

图 71：使用"阵列几何特征"命令，布局为"线性"，指定矢量为"Z 轴"，间距为"数量和间隔"，数量为"10"，间隔为"－4.2mm"，将步骤 67~68 的特征阵列复制。

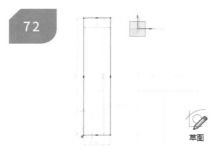

图 72：使用"拉伸"命令，绘制如图所示的草图。

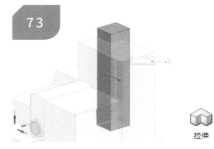

图 73：开始为"值"、距离为"0mm"，结束为"值"、距离为"－25mm"。

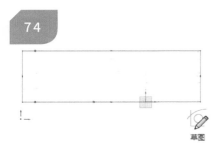

图 74：使用"拉伸"命令，绘制如图所示的草图。

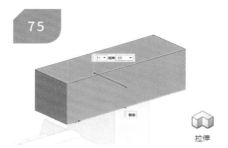

图 75：开始为"值"、距离为"0mm"，结束为"值"、距离为"－55mm"。

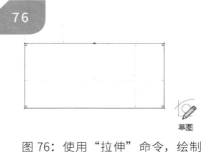

图 76：使用"拉伸"命令，绘制如图所示的草图。

图 77：开始为"值"、距离为"0mm"，结束为"值"、距离为"13mm"。

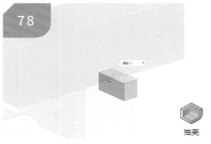

图 78：使用"壳"命令，选择"打开"；选择面为步骤 76~77 的 1 个面；厚度为"5mm"。

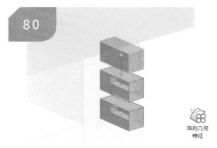

图 80：使用"阵列几何特征"命令，布局为"线性"，指定矢量为"Z 轴"，间距为"数量和间隔"，数量为"3"，间隔为"－22mm"，将步骤 76~77 的特征阵列复制。

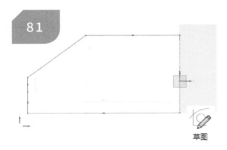

图 81：使用"拉伸"命令，绘制如图所示的草图。

图 82：开始为"值"、距离为"0mm"，结束为"值"、距离为"29mm"。

图 83：使用"拉伸"命令，绘制如图所示的草图。

图 84：开始为"值"、距离为"0mm"，结束为"值"、距离为"13mm"。

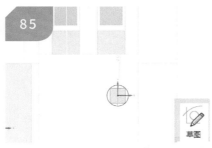

图 85：使用"拉伸"命令，绘制如图所示的草图。

图 86：开始为"值"、距离为"0mm"，结束为"值"、距离为"37mm"。

注：步骤 79 为倒斜角

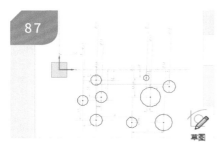

图 87：使用"拉伸"命令，绘制如图所示的草图。

图 88：开始为"值"、距离为"0mm"，结束为"值"、距离为"50mm"。

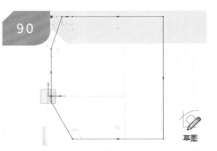

图 90：使用"拉伸"命令，绘制如图所示的草图。

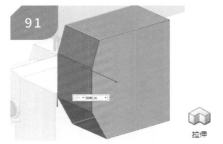

图 91：开始为"值"、距离为"0mm"，结束为"值"、距离为"56mm"。

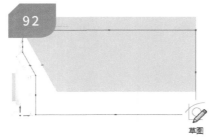

图 92：使用"拉伸"命令，绘制如图所示的草图。

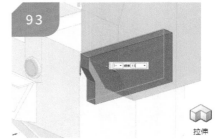

图 93：开始为"值"、距离为"1mm"，结束为"值"、距离为"13mm"。

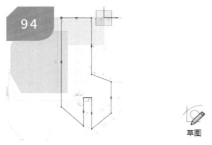

图 94：使用"拉伸"命令，绘制如图所示的草图。

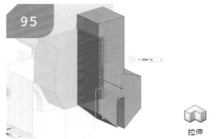

图 95：开始为"值"、距离为"0mm"，结束为"值"、距离为"56mm"。

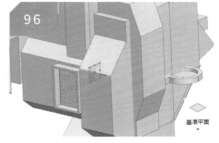

图 96：使用"基准平面"命令，选择"曲线和点"；子类型为"一点"；指定点为步骤 43~44 的特征斜边的中点，创建一个新的基准平面。

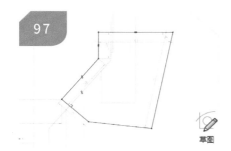

图 97：使用"拉伸"命令，绘制如图所示的草图。

图 98：开始为"值"、距离为"－13mm"，结束为"值"、距离为"13mm"；布尔运算为"减去"，对步骤 43~44 的特征切削。

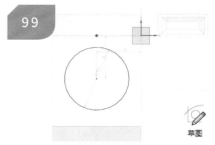

图 99：使用"拉伸"命令，绘制如图所示的草图。

注：步骤 89 为倒斜角

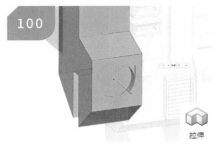

图 100：开始为"值"、距离为"－9mm"，结束为"值"、距离为"36mm"，布尔运算为"减去"，对步骤 94 － 95 的特征切削。

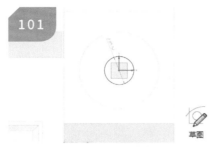

图 101：使用"拉伸"命令，绘制如图所示的草图。

图 102：开始为"值"、距离为"－3mm"，结束为"值"、距离为"5mm"。

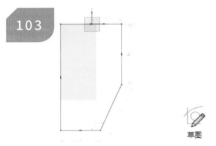

图 103：使用"拉伸"命令，绘制如图所示的草图。

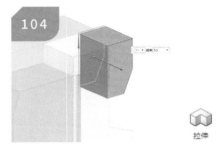

图 104：开始为"值"、距离为"3mm"，结束为"值"、距离为"53mm"。

图 105：使用"拉伸"命令，绘制如图所示的草图。

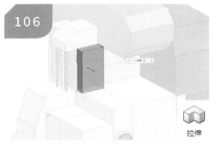

图 106：开始为"值"、距离为"0mm"，结束为"值"、距离为"10mm"。

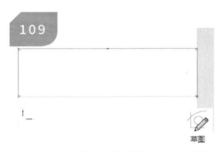

图 109：使用"拉伸"命令，绘制如图所示的草图。

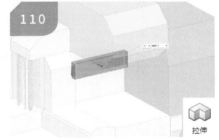

图 110：开始为"值"、距离为"0mm"，结束为"值"、距离为"5mm"。

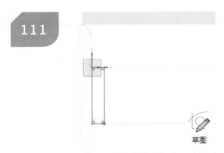

图 111：使用"拉伸"命令，绘制如图所示的草图。

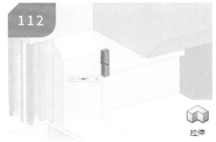

图 112：开始为"值"、距离为"0mm"，结束为"值"、距离为"3mm"。

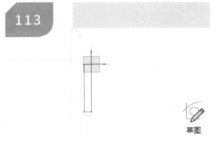

图 113：使用"拉伸"命令，绘制如图所示的草图。

注：步骤 107 为倒斜角；步骤 108 为边倒圆

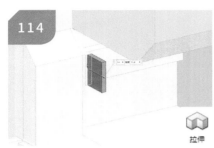

图 114：开始为"值"、距离为"0mm"，结束为"值"、距离为"11.4mm"。

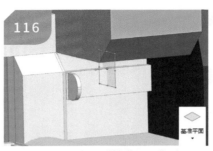

图 116：使用"基准平面"命令，选择"曲线和点"；子类型为"一点"；指定点为步骤 109-110 的特征斜边的中点，创建一个新的基准平面。

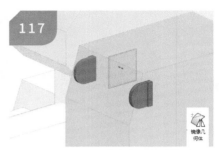

图 117：使用"镜像几何体"命令，将步骤 111~114 的特征复制至另一侧，指定平面为步骤 116 的基准平面。

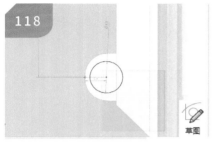

图 118：使用"拉伸"命令，绘制如图所示的草图。

图 119：开始为"值"、距离为"－24mm"，结束为"值"、距离为"24mm"。

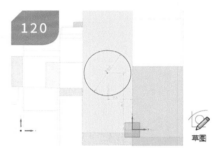

图 120：使用"拉伸"命令，绘制如图所示的草图。

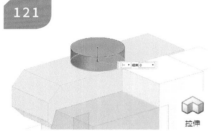

图 121：开始为"值"、距离为"15mm"，结束为"值"、距离为"0mm"。

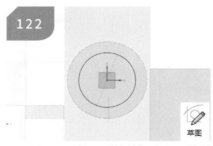

图 122：使用"拉伸"命令，绘制如图所示的草图。

图 123：开始为"值"、距离为"16mm"，结束为"值"、距离为"0mm"。

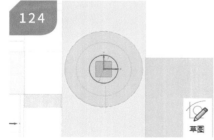

图 124：使用"拉伸"命令，绘制如图所示的草图。

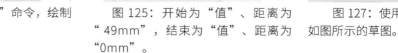

图 125：开始为"值"、距离为"49mm"，结束为"值"、距离为"0mm"。

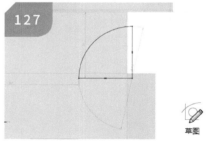

图 127：使用"拉伸"命令，绘制如图所示的草图。

注：步骤 115 为边倒圆；步骤 126 为面倒圆

图 128：开始为"值"、距离为"53mm"，结束为"值"、距离为"0mm"。

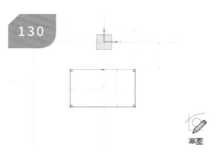

图 130：使用"拉伸"命令，绘制如图所示的草图。

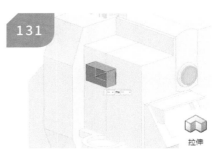

图 131：开始为"值"、距离为"11mm"，结束为"值"、距离为"0mm"。

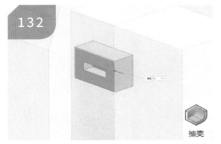

图 132：使用"壳"命令，选择"打开"；选择面为步骤 131~132 的 1 个面；厚度为"5.5mm"。

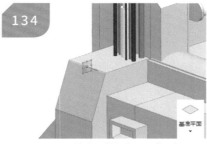

图 134：使用"基准平面"命令，选择"曲线和点"；子类型为"一点"；指定点为步骤 36~37 的特征斜边的中点，创建一个新的基准平面。

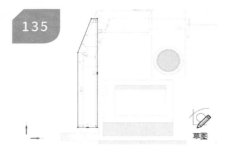

图 135：使用"拉伸"命令，绘制如图所示的草图。

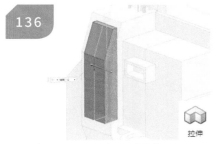

图 136：开始为"值"、距离为"12mm"，结束为"值"、距离为"－12mm"。

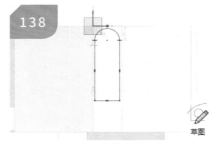

图 138：使用"拉伸"命令，绘制如图所示的草图。

图 139：开始为"值"、距离为"12mm"，结束为"值"、距离为"－2mm"。

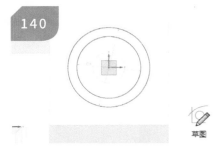

图 140：使用"拉伸"命令，绘制如图所示的草图。

图 141：开始为"值"、距离为"8.5mm"，结束为"值"、距离为"－2mm"。

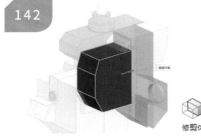

图 142：使用"修剪体"命令，使用步骤 94~95 的特征对步骤 90~91 的特征切削。

注：步骤 133 为倒斜角；步骤 129、137 为边倒圆

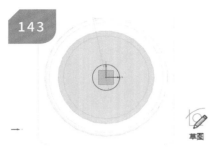

图 143：使用"拉伸"命令，绘制如图所示的草图。

图 144：开始为"值"、距离为"3mm"，结束为"值"、距离为"0mm"。

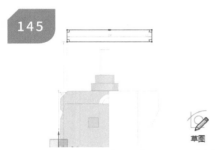

图 145：使用"拉伸"命令，绘制如图所示的草图。

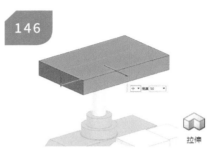

图 146：宽度为"对称值"、距离为"50mm"。

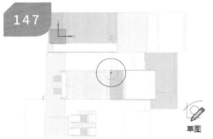

图 147：使用"拉伸"命令，绘制如图所示的草图。

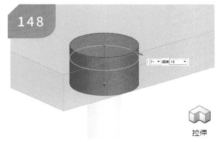

图 148：开始为"值"、距离为"－8mm"，结束为"值"、距离为"16mm"。

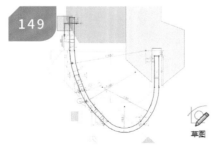

图 149：使用"拉伸"命令，绘制如图所示的草图。

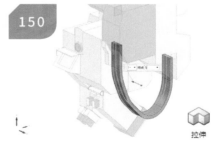

图 150：开始为"值"、距离为"－20mm"，结束为"值"、距离为"5mm"。

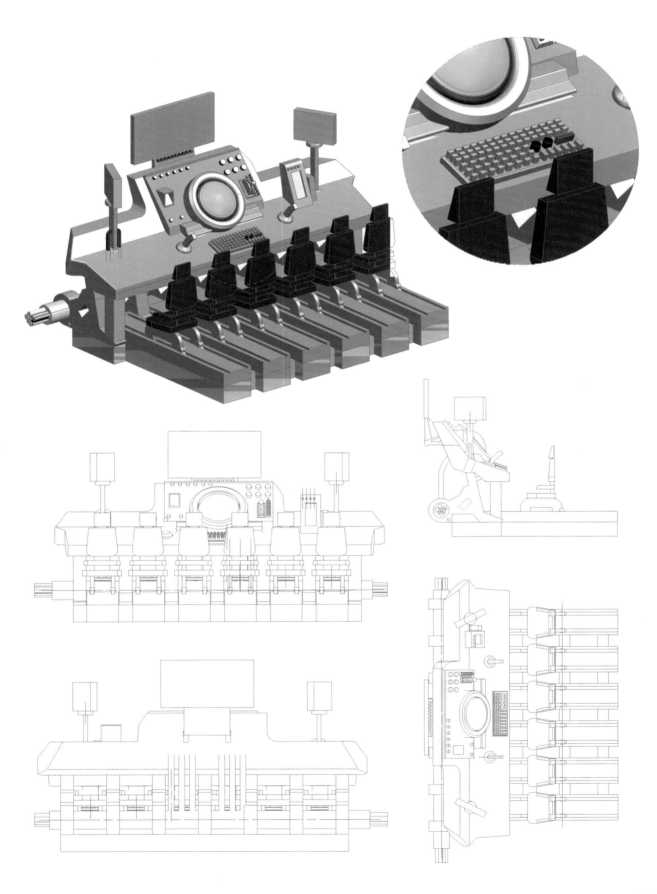

5.2 太空桌椅套装

拉伸　边倒圆　倒斜角　修剪体　抽壳　基准平面　镜像几　球(S)　阵列几何　基准坐
　　　　　　　　　　　　　　　　　　　　　何体　　　　特征　　标系

减去　面倒圆　合并　　　加厚

　　无重力环境下，大多数屏幕、椅子、键盘等物品需被设计成固定式的，仅允许太空乘员携带少量的便携式设备，以免引起其他乘员不便。若想还原"4.3.8 3D 打印"中的尺寸，请导出 STL 格式文件后，在 Materialise Magics 软件中将尺寸设置为 39.5mm×60.0mm×33.6mm。

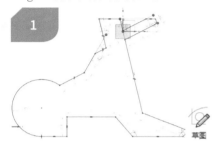

图 1：使用"拉伸"命令，绘制如图所示的草图。

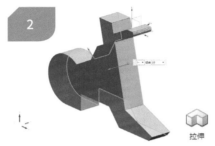

图 2：开始为"值"、距离为"0mm"，结束为"值"、距离为"22mm"。

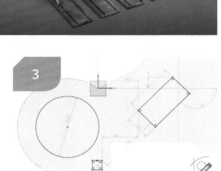

图 3：使用"拉伸"命令，绘制如图所示的草图。

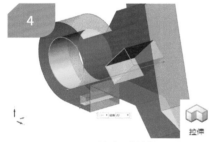

图 4：开始为"值"、距离为"－50mm"，结束为"值"、距离为"22mm"，布尔运算为"减去"，对步骤 1~2 的特征切削。

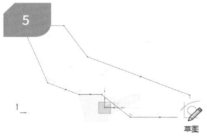

图 5：使用"拉伸"命令，绘制如图所示的草图。

图 6：开始为"值"、距离为"－40mm"，结束为"值"、距离为"131mm"。

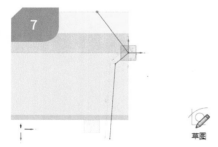

图 7：使用"拉伸"命令，绘制如图所示的草图。

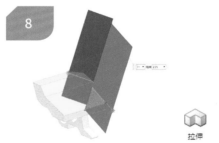

图 8：开始为"值"、距离为"－84mm"，结束为"值"、距离为"235mm"。

图 9：使用"修剪体"命令，使用步骤 7~8 的片体对步骤 5~6 的特征切削。

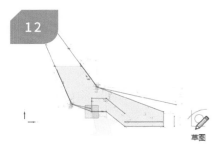

图 12：使用"拉伸"命令，绘制如图所示的草图。

图 13：开始为"值"、距离为"0mm"，结束为"值"、距离为"220mm"。

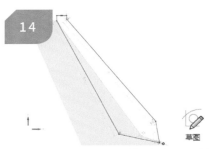

图 14：使用"拉伸"命令，绘制如图所示的草图。

图 15：开始为"值"、距离为"150mm"，结束为"值"、距离为"335mm"。

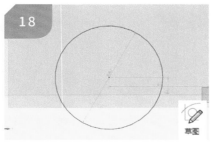

图 18：使用"拉伸"命令，绘制如图所示的草图。

图 19：开始为"值"、距离为"－15mm"，结束为"值"、距离为"21mm"。

图 20：使用"壳"命令，选择"打开"；选择面为步骤 18~19 特征朝外的 1 个面；厚度为"13mm"。

图 21：使用"修剪体"命令，使用步骤 8 的特征对步骤 18~19 的特征切削。

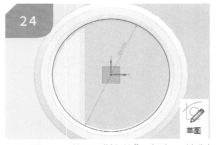

图 24：使用"拉伸"命令，绘制如图所示的草图。

图 25：开始为"值"、距离为"0mm"，结束为"值"、距离为"24mm"。

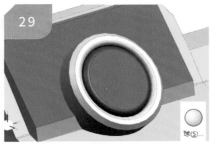

图 29：使用"球"命令，中心点为步骤 20 特征底面的圆心，直径为"75mm"，创建一个球。

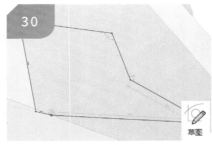

图 30：使用"拉伸"命令，绘制如图所示的草图。

图 31：开始为"值"、距离为"169mm"，结束为"值"、距离为"314mm"。

注：步骤 10、11、23、28 为边倒圆；步骤 16、17、22、26、27 为倒斜角

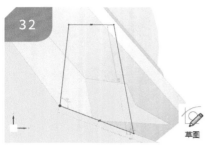

图32：使用"拉伸"命令，绘制如图所示的草图。

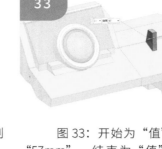

图33：开始为"值"、距离为"57mm"，结束为"值"、距离为"67mm"。

图34：使用"拉伸"命令，绘制如图所示的草图。

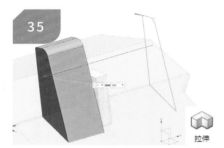

图35：开始为"值"、距离为"69mm"，结束为"值"、距离为"103mm"。

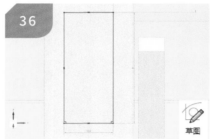

图36：使用"拉伸"命令，绘制如图所示的草图。

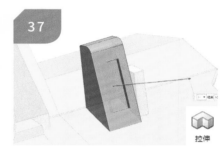

图37：开始为"值"、距离为"－3mm"，结束为"值"、距离为"103mm"，布尔运算为"减去"，对步骤34~35的特征切削。

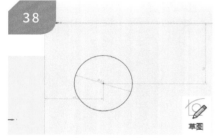

图38：使用"拉伸"命令，绘制如图所示的草图。

图39：开始为"值"、距离为"0mm"，结束为"值"、距离为"5mm"。

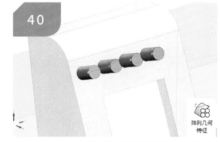

图40：使用"阵列几何特征"命令，布局为"线性"，指定矢量为"Y轴"，间距为"数量和间隔"、数量为"4"、间隔为"6.5mm"，将步骤7~8的特征阵列复制。

图41：使用"减去"命令，对步骤24~25的特征切削，工具体为步骤30~31的特征。

图42：使用"减去"命令，对步骤18~19的特征切削，工具体为步骤30~31的特征。

注：步骤43为边倒圆

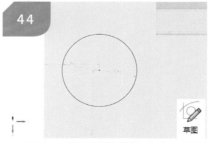

图44：使用"拉伸"命令，绘制如图所示的草图。

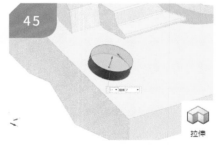

图45：开始为"值"、距离为"0mm"，结束为"值"、距离为"7mm"。

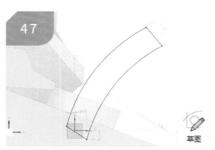

图 46：使用"基准坐标系"命令，动态；参考为"绝对坐标系 - 显示部件"；指定方位为"x26.48""y－332.85""z21.53"。

图 47：使用"拉伸"命令，绘制如图所示的草图。

图 48：宽度为"对称值"、距离为"3mm"。

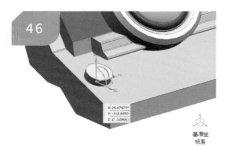

图 51：使用"拉伸"命令，绘制如图所示的草图。

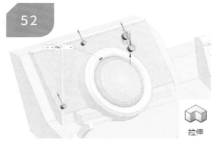

图 52：开始为"值"、距离为"5mm"，结束为"值"、距离为"0mm"。

图 53：使用"阵列几何特征"命令，布局为"线性"，指定矢量为"Y轴"，间距为"数量和间隔"、数量为"3"、间隔为"16mm"，将步骤 51~52 的特征阵列复制。

图 54：使用"阵列几何特征"命令，布局为"线性"，指定矢量为"Y轴"，间距为"数量和间隔"、数量为"6"、间隔为"13mm"，将步骤 51~52 的特征阵列复制。

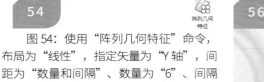

图 55：使用"阵列几何特征"命令，布局为"线性"，指定矢量为"Y轴"，间距为"数量和间隔"、数量为"2"、间隔为"21mm"，将步骤 51~52 的特征阵列复制。

图 56：使用"拉伸"命令，绘制如图所示的草图。

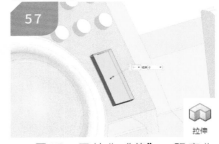

图 57：开始为"值"、距离为"3.5mm"，结束为"值"、距离为"0mm"。

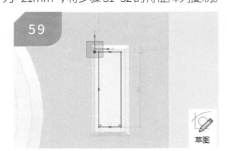

图 59：使用"拉伸"命令，绘制如图所示的草图。

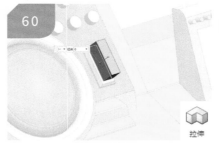

图 60：开始为"值"、距离为"12mm"，结束为"值"、距离为"0mm"。

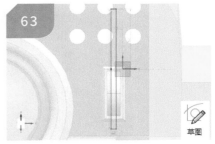

图 63：使用"拉伸"命令，绘制如图所示的草图。

注：步骤 50、62 为边倒圆；步骤 49、58、61 为倒斜角

图64：开始为"值"、距离为"16mm"，结束为"值"、距离为"－14mm"，布尔运算为"减去"，对步骤59~60的特征切削。

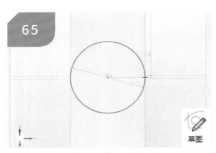

图65：使用"拉伸"命令，绘制如图所示的草图。

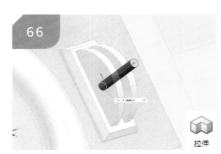

图66：开始为"值"、距离为"20mm"，结束为"值"、距离为"0mm"。

图67：使用"球"命令，中心点为步骤65~66特征顶面的圆心；直径为"8mm"，创建一个球。

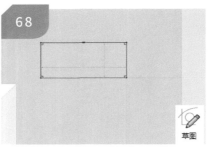

图68：使用"拉伸"命令，绘制如图所示的草图。

图69：开始为"值"、距离为"5mm"，结束为"值"、距离为"0mm"。

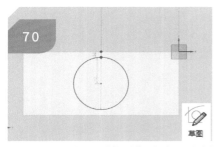

图70：使用"拉伸"命令，绘制如图所示的草图。

图71：开始为"值"、距离为"5mm"，结束为"值"、距离为"0mm"。

图74：使用"阵列几何特征"命令，布局为"线性"，指定矢量为步骤14~15特征的边缘线，间距为"数量和间隔"、数量为"8"、间隔为"4.7mm"，将步骤68~71的特征阵列复制。

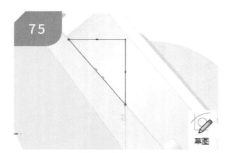

图75：使用"拉伸"命令，绘制如图所示的草图。

注：步骤73为边倒圆；步骤72为倒斜角

图76：开始为"值"、距离为"308.5mm"，结束为"值"、距离为"327mm"。

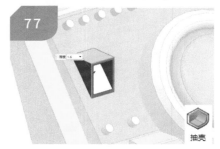

图77：使用"壳"命令，选择"打开"；选择面为步骤77的1个面；厚度为"1.6mm"。

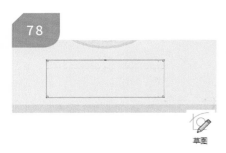

图 78：使用"拉伸"命令，绘制如图所示的草图。

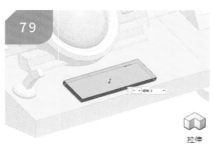

图 79：开始为"值"、距离为"5mm"，结束为"值"、距离为"0mm"。

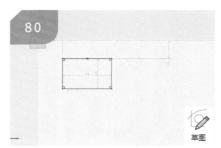

图 80：使用"拉伸"命令，绘制如图所示的草图。

图 81：开始为"值"、距离为"5mm"，结束为"值"、距离为"0mm"。

图 83：使用"阵列几何特征"命令，布局为"线性"，指定矢量为"Y 轴"，间距为"数量和间隔"、数量为"15"、间隔为"6mm"，将步骤 80~81 的特征阵列复制。

图 85：使用"阵列几何特征"命令，布局为"线性"，指定矢量为"Z 轴"，间距为"数量和间隔"、数量为"4"、间隔为"5.5mm"，将步骤 84 的特征阵列复制。

图 84：使用"阵列几何特征"命令，布局为"线性"，指定矢量为"Z 轴"，间距为"数量和间隔"、数量为"3"、间隔为"4mm"，将步骤 83 的特征阵列复制。

图 86：使用"阵列几何特征"命令，布局为"线性"，指定矢量为"Y 轴"，间距为"数量和间隔"、数量为"8"、间隔为"7mm"，将步骤 85 的特征阵列复制。

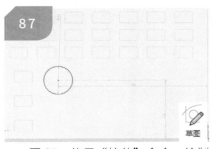

图 87：使用"拉伸"命令，绘制如图所示的草图。

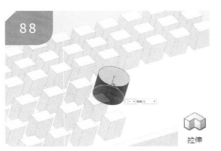

图 88：开始为"值"、距离为"5mm"，结束为"值"、距离为"0mm"。

图 89：使用"阵列几何特征"命令，布局为"线性"，指定矢量为"Y 轴"，间距为"数量和间隔"、数量为"2"、间隔为"9.5mm"，将步骤 87~88 的特征阵列复制。

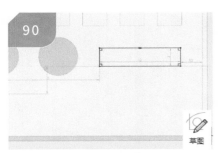

图 90：使用"拉伸"命令，绘制如图所示的草图。

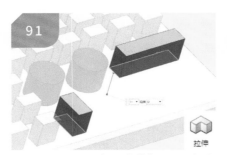

图 91：开始为"值"、距离为"5mm"，结束为"值"、距离为"0mm"。

图 92：使用"阵列几何特征"命令，布局为"线性"，指定矢量为"Y 轴"，间距为"数量和间隔"、数量为"6"、间隔为"5.5mm"，将步骤 90~91 的特征阵列复制。

注：步骤 82 为倒斜角

图 93：使用"拉伸"命令，绘制如图所示的草图。

图 94：开始为"值"、距离为"39mm"，结束为"值"、距离为"46mm"。

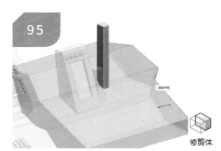

图 95：使用"修剪体"命令，使用步骤 5~6 的特征对步骤 93~94 的特征切削。

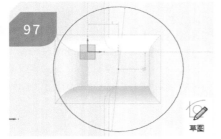

图 97：使用"拉伸"命令，绘制如图所示的草图。

图 98：开始为"值"、距离为"7mm"，结束为"值"、距离为"0mm"。

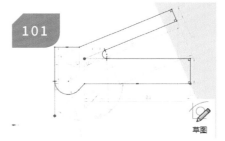

图 101：使用"拉伸"命令，绘制如图所示的草图。

图 102：开始为"值"、距离为"217mm"，结束为"值"、距离为"209mm"。

图 103：使用"基准平面"命令，选择"曲线和点"；子类型为"一点"；指定点为步骤 12~13 的特征斜边的中点，创建一个新的基准平面。

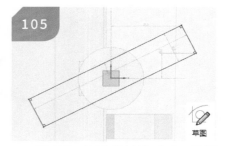

图 105：使用"拉伸"命令，绘制如图所示的草图。

图 106：开始为"值"、距离为"50mm"，结束为"值"、距离为"0mm"。

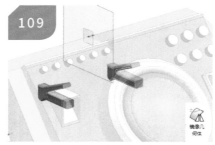

图 109：使用"镜像几何体"命令，将步骤 101~102 的特征复制至另一侧，指定平面为步骤 103 的基准平面。

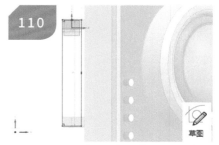

图 110：使用"拉伸"命令，绘制如图所示的草图。

注：步骤 100 为倒斜角；步骤 96、99 为面倒圆；步骤 104、107、108 为边倒圆

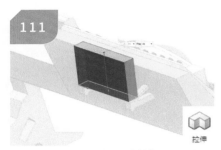

图 111：开始为"值"、距离为"48mm"，结束为"值"、距离为"0mm"。

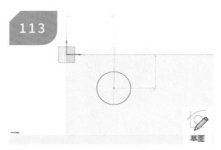

图 113：使用"拉伸"命令，绘制如图所示的草图。

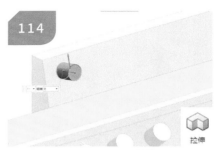

图 114：开始为"值"、距离为"5mm"，结束为"值"、距离为"0mm"。

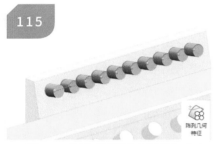

图 115：使用"阵列几何特征"命令，布局为"线性"，指定矢量为"Y 轴"，间距为"数量和间隔"，数量为"10"，间隔为"7mm"，将步骤 113~114 的特征阵列复制。

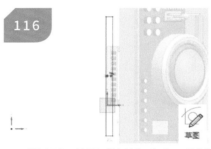

图 116：使用"拉伸"命令，绘制如图所示的草图。

图 117：开始为"值"、距离为"83mm"，结束为"值"、距离为"0mm"。

图 118：使用"阵列几何特征"命令，布局为"线性"，指定矢量为"Y 轴"，间距为"数量和间隔"，数量为"7"，间隔为"78mm"，将步骤 1~2 的特征阵列复制。

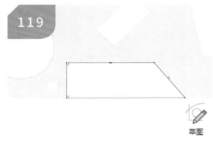

图 119：使用"拉伸"命令，绘制如图所示的草图。

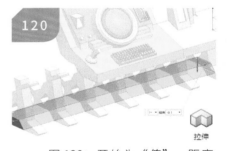

图 120：开始为"值"、距离为"490mm"，结束为"值"、距离为"－0.1mm"。

图 121：使用"拉伸"命令，绘制如图所示的草图。

图 122：开始为"值"、距离为"27mm"，结束为"值"、距离为"－27mm"。

图 123：使用"拉伸"命令，绘制如图所示的草图。

注：步骤 112 为倒斜角

图 124：开始为"值"、距离为"－14.5mm"，结束为"值"、距离为"－21mm"。

图 125：使用"镜像几何体"命令，将步骤123~124的特征复制至另一侧，指定平面为如图所示的平面。

图 126：使用"减去"命令，对步骤121~122的特征切削，工具体为步骤125的特征。

图 127：使用"阵列几何特征"命令，布局为"线性"，指定矢量为"Y轴"，间距为"数量和间隔"，数量为"6"，间隔为"78mm"，将步骤121~122的特征阵列复制。

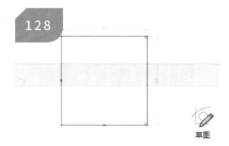

图 128：使用"拉伸"命令，绘制如图所示的草图。

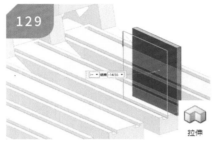

图 129：开始为"值"、距离为"－20.95mm"，结束为"值"、距离为"－14.55mm"。

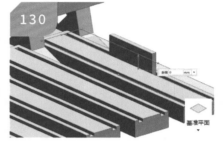

图 130：使用"基准平面"命令，按某一距离；选择如图所示步骤123~124的特征的一个面；距离为"0mm"，创建一个新的基准平面。

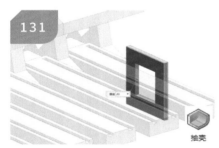

图 131：使用"壳"命令，打开；选择面为步骤91的如图所示2个面；厚度为"20mm"。

图 132：使用"修剪体"命令，使用步骤92的基准平面对步骤128~129的特征切削。

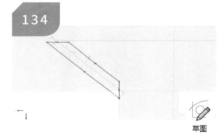

图 134：使用"拉伸"命令，绘制如图所示的草图。

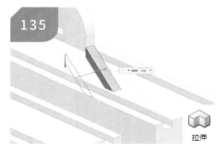

图 135：开始为"值"、距离为"－20.7mm"，结束为"值"、距离为"－14.8mm"。

注：步骤133为边倒圆

图 136：使用"修剪体"命令，使用步骤126的基准平面对步骤134~135的特征切削。

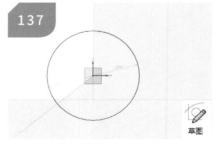

图 137：使用"拉伸"命令，绘制如图所示的草图。

图 138：开始为"值"、距离为"－7mm"，结束为"值"、距离为"1.1mm"。

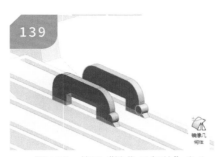

图 139：使用"镜像几何体"命令，将有关凳腿的特征镜像复制。

图 140：使用"拉伸"命令，绘制如图所示的草图。

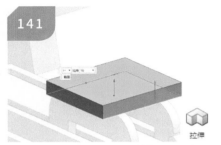

图 141：开始为"值"、距离为"0mm"，结束为"值"、距离为"10mm"。

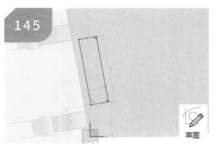

图 145：使用"拉伸"命令，绘制如图所示的草图。

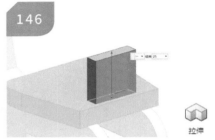

图 146：开始为"值"、距离为"0mm"，结束为"值"、距离为"25mm"。

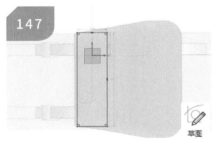

图 147：使用"拉伸"命令，绘制如图所示的草图。

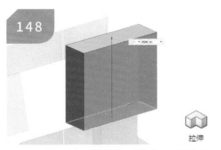

图 148：开始为"值"、距离为"0mm"，结束为"值"、距离为"49mm"。

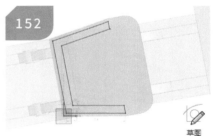

图 152：使用"拉伸"命令，绘制如图所示的草图。

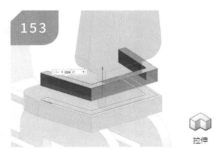

图 153：开始为"值"、距离为"9mm"，结束为"值"、距离为"17mm"。

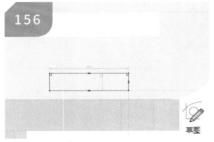

图 156：使用"拉伸"命令，绘制如图所示的草图。

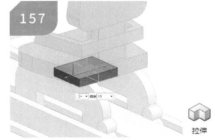

图 157：开始为"值"、距离为"－15mm"，结束为"值"、距离为"15mm"。

注：步骤 142、150、154、155 为边倒圆；步骤 143、144、149、151 为倒斜角

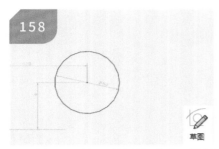

图 158：使用"拉伸"命令，绘制如图所示的草图。

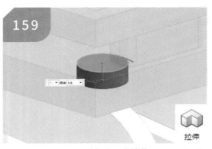

图 159：开始为"值"、距离为"0mm"，结束为"值"、距离为"4.8mm"。

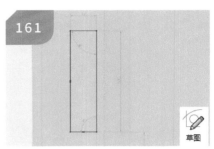

图 161：使用"拉伸"命令，绘制如图所示的草图。

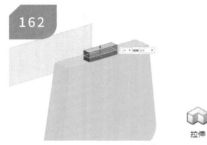

图 162：开始为"值"、距离为"－2mm"，结束为"值"、距离为"2.5mm"。

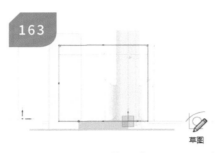

图 163：使用"拉伸"命令，绘制如图所示的草图。

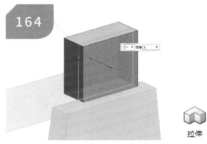

图 164：开始为"值"、距离为"－9mm"，结束为"值"、距离为"3mm"。

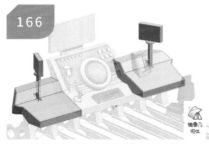

图 166：使用"镜像几何体"命令，将有关操作台的特征镜像复制。

图 167：使用"阵列几何特征"命令，布局为"线性"，指定矢量为"Y 轴"，间距为"数量和间隔"，数量为"6"，间隔为"78mm"，将步骤 128~165 有关椅子的特征阵列复制。

图 168：使用"阵列几何特征"命令，布局为"线性"，指定矢量为"Y 轴"，间距为"数量和间隔"，数量为"2"，间隔为"200mm"，将步骤 44~48 的特征阵列复制。

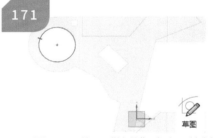

图 171：使用"拉伸"命令，绘制如图所示的草图。

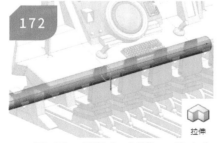

图 172：开始为"值"、距离为"－285mm"，结束为"值"、距离为"260mm"。

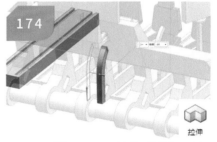

图 173：使用"拉伸"命令，绘制如图所示的草图。

图 174：开始为"值"、距离为"－20mm"，结束为"值"、距离为"－30mm"。

注：步骤 160、165 为倒斜角；步骤 169、170 面倒圆

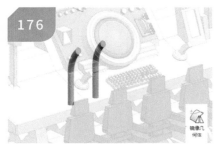

图 176：使用"镜像几何体"命令，将步骤 173~174 的特征复制至另一侧，指定平面为步骤 103 的基准平面。

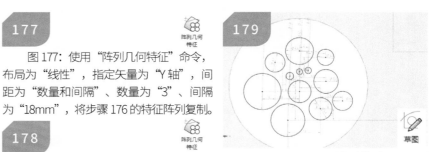

图 177：使用"阵列几何特征"命令，布局为"线性"，指定矢量为"Y 轴"，间距为"数量和间隔"、数量为"3"、间隔为"18mm"，将步骤 176 的特征阵列复制。

图 178：使用"阵列几何特征"命令，布局为"线性"，指定矢量为"Y 轴"，间距为"数量和间隔"，数量为"3"，间隔为"－18mm"，将步骤 174 的特征阵列复制。

图 179：使用"拉伸"命令，绘制如图所示的草图。

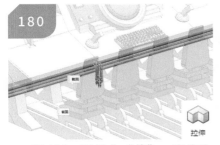

图 180：开始为"值"、距离为"－ 315mm"，结束为"值"、距离为"285mm"。

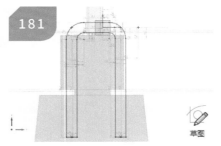

图 181：使用"拉伸"命令，绘制如图所示的草图。

图 182：开始为"值"、距离为"－ 2.3mm"，结束为"值"、距离为"2.3mm"。

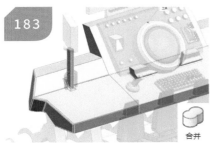

图 183：使用"合并"命令，将整个桌面合并为一个特征。

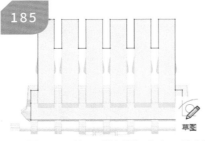

图 185：使用"拉伸"命令，绘制如图所示的草图。

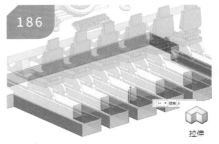

图 186：开始为"值"、距离为"0mm"，结束为"值"、距离为"30mm"，体类型为"片体"。

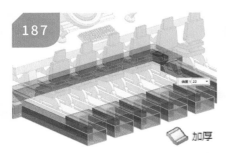

图 187：使用"加厚"命令，选择面为步骤 185~186 的片体；偏置 1 为"22mm"、偏置 2 为"0mm"。

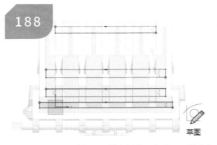

图 188：使用"拉伸"命令，绘制如图所示的草图，这是为了将底面连接在一起。

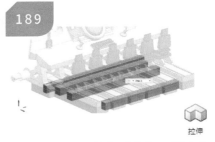

图 189：开始为"值"、距离为"0mm"，结束为"直至延伸部分"。

注：步骤 175、184 为边倒圆

草图

图 190：使用"拉伸"命令，绘制如图所示的草图，这是为了加强桌面与底座的连接。

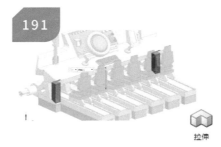

拉伸

图 191：开始为"值"、距离为"0mm"，结束为"直至延伸部分"。

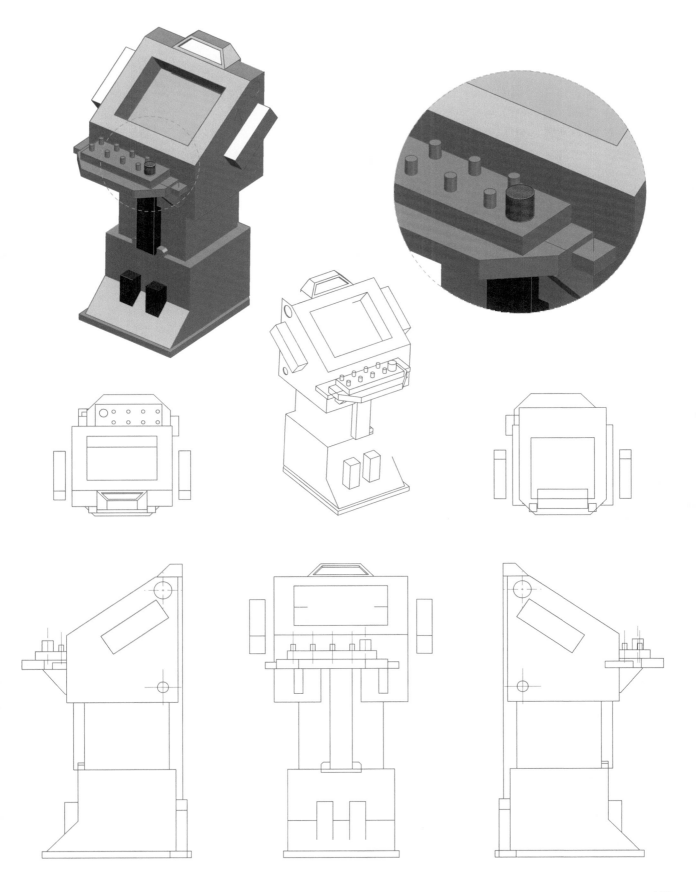

5.3 控制台

草图　拉伸　倒斜角　边倒圆　减去　镜像几　基准平面　修剪体
　　　　　　　　　　　　　　　　何体　▼

　　控制台也叫作终端，可以发送指令至所有连接的装备及设备，有非常强的战略意义。除了有本节这样柜式的控制台，也有内嵌于墙壁内的控制台，后者更加简洁。

　　若想还原"4.3.8 3D 打印"中的尺寸，请导出 STL 格式文件后，在 Materialise Magics 软件中将尺寸设置为 7.4mm×7.6mm×13.6mm。

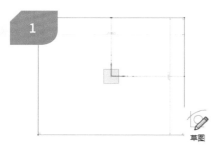

图 1：使用"拉伸"命令，绘制一个长 60mm、宽 50mm 的矩形。

图 2：开始为"值"、距离为"58mm"，结束为"值"、距离为"0mm"。

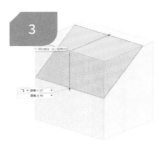

图 3：使用"倒斜角"命令，横截面为"非对称"、距离 1 为"27mm"、距离 2 为"40mm"。

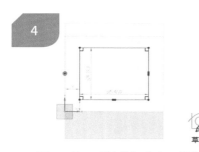

图 4：使用"拉伸"命令，绘制一个长 42mm、宽 33mm 的矩形。

图 5：开始为"值"、距离为"58mm"，结束为"值"、距离为"－12mm"，布尔运算为"减去"，对步骤 1~2 的特征切削。

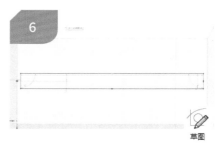

图 6：使用"拉伸"命令，绘制一个长 50mm、宽 4.2mm 的矩形。

图 7：开始为"值"、距离为"20mm"，结束为"值"、距离为"0mm"。

图 8：使用"倒斜角"命令，横截面为"对称"、距离为"10mm"。

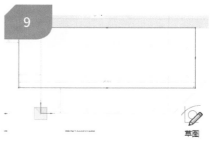

图 9：使用"拉伸"命令，绘制一个长 40mm、宽 14mm 的矩形。

图 10：开始为"值"、距离为"4mm"，结束为"值"、距离为"0mm"。

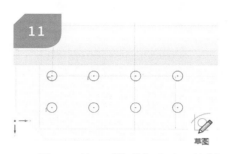

图 11：使用"拉伸"命令，绘制如图所示的草图。

图 12：开始为"值"、距离为"3mm"，结束为"值"、距离为"0mm"。

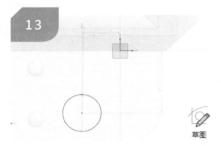

图 13：使用"拉伸"命令，绘制如图所示的草图。

图 14：开始为"值"、距离为"5mm"，结束为"值"、距离为"0mm"。

图 15：使用"拉伸"命令，绘制一个长 60mm、宽 12.6mm 的矩形。

图 16：开始为"值"、距离为"－3mm"，结束为"值"、距离为"0mm"。

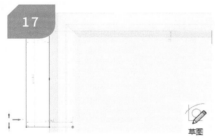

图 17：使用"拉伸"命令，绘制一个长 30mm、宽 7mm 的矩形。

图 18：开始为"值"、距离为"3mm"，结束为"值"、距离为"－7mm"。

图 19：使用"镜像几何体"命令，将步骤 17~18 的特征复制至另一侧，指定平面为基准坐标系的平面。

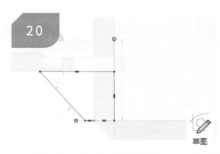

图 20：使用"拉伸"命令，绘制如图所示的草图。

图 21：开始为"值"、距离为"－17mm"，结束为"值"、距离为"－21mm"。

图 22：使用"镜像几何体"命令，将步骤 20~21 的特征复制至另一侧，指定平面为基准坐标系的平面。

图 23：使用"拉伸"命令，绘制如图所示的草图。

图 24：开始为"值"、距离为"88mm"，结束为"值"、距离为"9mm"，布尔运算为"减去"对步骤 1~2 的特征切削。

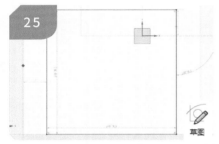

图 25：使用"拉伸"命令，绘制如图所示的草图。

图 26：开始为"值"、距离为"77mm"，结束为"值"、距离为"－21mm"。

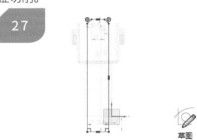

图 27：使用"拉伸"命令，绘制如图所示的草图。

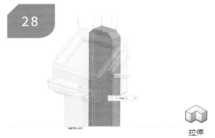

图 28：开始为"值"、距离为"－6mm"，结束为"值"、距离为"6mm"。

图 29：使用"拉伸"命令，绘制一个直径为 8mm 的圆形，另一个直径为 5mm 的圆形。

图 30：开始为"值"、距离为"－0.5mm"，结束为"值"、距离为"6mm"。

图 31：使用"镜像几何体"命令，将步骤 29~30 复制至另一侧，选择平面为基准坐标系的平面。

图 32：使用"减去"命令，对步骤 1~2 的特征切削，工具体为步骤 31 的特征。

图 33：使用"拉伸"命令，绘制如图所示的草图。

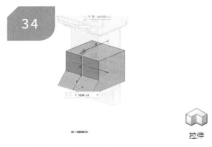

图 34：开始为"值"、距离为"－24mm"，结束为"值"、距离为"24mm"。

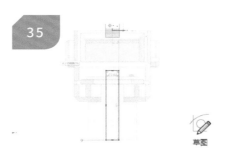

图 35：使用"拉伸"命令，绘制一个长 56.5mm、宽 10mm 的矩形。

图 36：开始为"值"、距离为"0mm"，结束为"值"、距离为"5mm"。

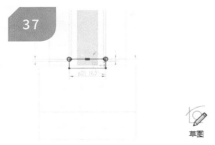

图 37：使用"拉伸"命令，绘制一个长 18mm、宽 4.7mm 的矩形。

图 38：开始为"值"、距离为"0mm"，结束为"值"、距离为"6.1mm"。

图 39：使用"基准平面"命令，按某一距离，选择步骤 33~34 特征的一个面，距离为"0mm"，创建一个新的基准平面。

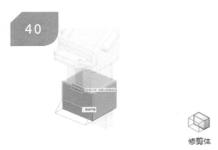

图 40：使用"修剪体"命令，并使用步骤 41~42 的基准平面对步骤 25~26 的特征切削。

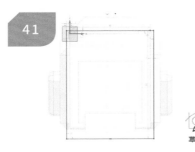

图 41：使用"拉伸"命令，绘制如图所示的草图。

图 42：开始为"值"、距离为"0mm"，结束为"值"、距离为"3mm"。

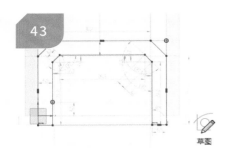

图 43：使用"拉伸"命令，绘制如图所示的草图。

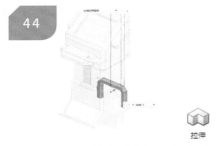

图 44：开始为"值"、距离为"0mm"，结束为"值"、距离为"5mm"。

图 45：使用"倒斜角"命令，横截面为"对称"、距离为"9.5mm"。

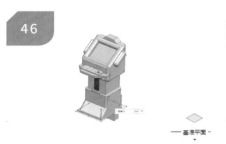

图 46：使用"基准平面"命令，按某一距离，选择步骤 45 特征的某个面，距离为"0mm"，创建一个新的基准平面。

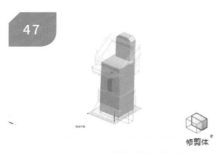

图 47：使用"修剪体"命令，使用步骤 48~49 的基准平面对步骤 25~28 的特征切削。

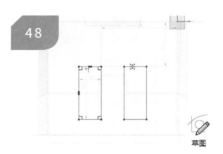

图 48：使用"拉伸"命令，绘制两个长 17.7mm、宽 7.3mm 的矩形。

图 49：开始为"值"、距离为"－1mm"，结束为"值"、距离为"6mm"。

图 50：使用"倒斜角"命令，横截面为"对称"、距离为"6.5mm"。

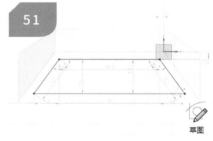

图 51：使用"拉伸"命令，绘制如图所示的草图。

图 52：开始为"值"、距离为"－1mm"，结束为"值"、距离为"0.5mm"，布尔运算为"减去"，对步骤 27~28 的特征切削。

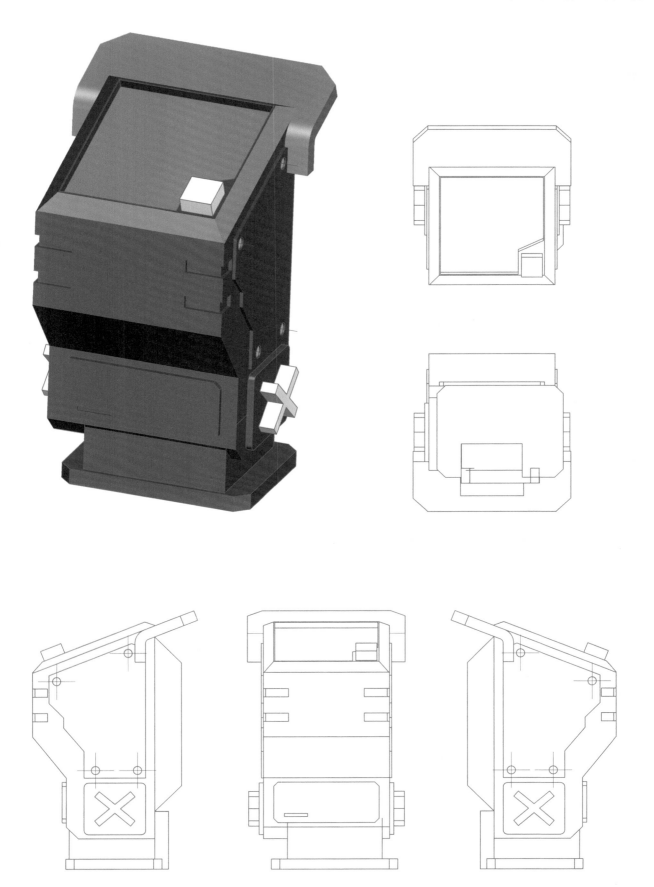

5.4 通信台

草图　拉伸　倒斜角　边倒圆　减去　基准平面　镜像几何体

通信台在作战中起到非常大的作用，一般可以用来商讨战略或者事实汇报战况数据。

若想还原"4.3.8 3D 打印"中的尺寸，请导出 STL 格式文件后，在 Materialise Magics 软件中将尺寸设置为 7.5mm×7.8mm×12.6mm。

1

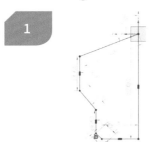

草图

图 1：使用"拉伸"命令，绘制底宽 108mm 的多边形。

2

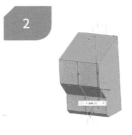

拉伸

图 2：开始为"值"、距离为"－30mm"，结束为"值"、距离为"30mm"。

3

倒斜角

图 3：使用"倒斜角"命令，横截面为"非对称"、距离 1 为"5mm"、距离 2 为"3.5mm"。

4

草图

图 4：使用"拉伸"命令，绘制如图所示的草图。

5

拉伸

图 5：开始为"值"、距离为"－3mm"，结束为"值"、距离为"30mm"，布尔运算为"减去"，对步骤 1~2 的特征切削。

6

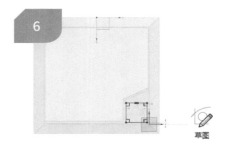

草图

图 6：使用"拉伸"命令，绘制一个长 10.5mm、宽 10mm 的矩形。

7

拉伸

图 7：开始为"值"、距离为"5mm"，结束为"值"、距离为"0mm"。

8

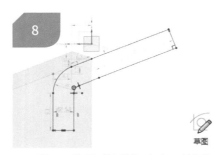

草图

图 8：使用"拉伸"命令，绘制如图所示的草图。

9

拉伸

图 9：开始为"值"、距离为"37.5mm"，结束为"值"、距离为"－37.5mm"。

图 10：使用"倒斜角"命令，横截面为"对称"、距离为"7mm"。

图 11：使用"基准平面"命令，选择"曲线和点"；子类型为"一点"；指定点为步骤 1~2 的特征斜边的中点，创建一个新的基准平面。

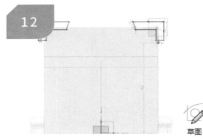

图 12：使用"拉伸"命令，绘制如图所示的草图。

图 13：开始为"值"、距离为"－8mm"，结束为"值"、距离为"－4mm"。

图 14：使用"镜像几何体"命令，要镜像的几何体为步骤 12~13 的特征；镜像平面为步骤 11 的基准平面。

图 15：使用"减去"命令，目标为步骤 1~2 的特征，工具体为步骤 14 的特征。

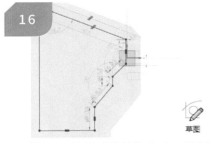

图 16：使用"拉伸"命令，绘制如图所示的草图。

图 17：开始为"值"、距离为"1mm"，结束为"值"、距离为"0mm"。

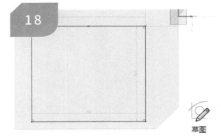

图 18：使用"拉伸"命令，绘制一个长 29.3mm、宽 25.4mm 的矩形。

图 19：开始为"值"、距离为"2mm"，结束为"值"、距离为"0mm"。

图 20：使用"边倒圆"命令，连续性为"G1（相切）"、形状为"圆形"、半径为"2mm"。

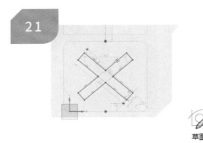

图 21：使用"拉伸"命令，绘制如图所示的草图。

图 22: 开始为"值"、距离为"5mm",结束为"值"、距离为"0mm"。

图 23: 使用"拉伸"命令,绘制 4 个直径为 4mm 的圆形。

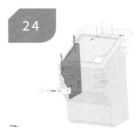

图 24: 开始为"值"、距离为"1mm",结束为"值"、距离为"－0.5mm",布尔运算为"减去",对步骤 16~17 的特征切削。

图 25: 使用"镜像几何体"命令,要镜像的几何体为步骤 16~19 的特征,指定平面为基准坐标系的平面。

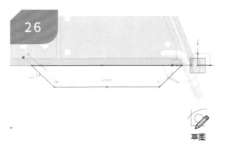

图 26: 使用"拉伸"命令,绘制一个上底为 85.5mm、下底为 60mm、高为 12.7mm 的等腰梯形。

图 27: 开始为"值"、距离为"－15mm",结束为"值"、距离为"15mm"。

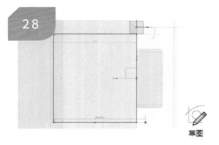

图 28: 使用"拉伸"命令,绘制一个长 45mm、宽 40.6mm 的矩形。

图 29: 开始为"值"、距离为"－10mm",结束为"值"、距离为"10mm"。

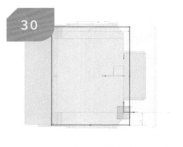

图 30: 使用"拉伸"命令,绘制一个长 60mm、宽 45.7mm 的矩形。

图 31: 开始为"值"、距离为"5mm",结束为"值"、距离为"0mm"。

图 32: 使用"倒斜角"命令,横截面为"对称"、距离为"4mm"。

图 33: 使用"拉伸"命令,绘制一个长 50mm、宽为 20mm、倒角距离为 2mm 的矩形。

图 34：开始为"值"、距离为
"2mm"，结束为"值"、距离为"0mm"。

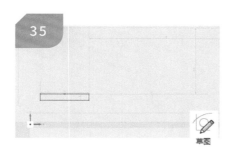

图 35：使用"拉伸"命令，绘制
一个长 11mm、宽为 1.5mm 的矩形。

图 36：开始为"值"、距离为
"2mm"，结束为"值"、距离为
"－1mm"，布尔运算为"减去"，
对步骤 33~34 的特征切削。

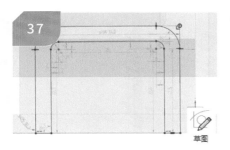

图 37：使用"拉伸"命令，绘制
如图所示的草图。

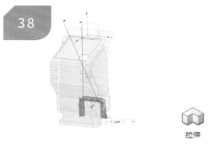

图 38：开始为"值"、距离为
"6.5mm"，结束为"值"、距离
为"－1mm"。

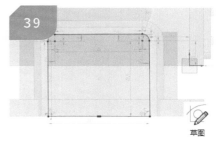

图 39：使用"拉伸"命令，绘制
一个长 29mm、宽 24.5mm，顶边圆
角直径为 2mm 的圆角矩形。

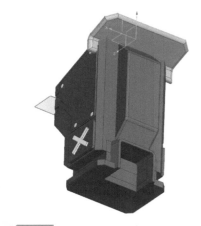

图 40：开始为"值"、距离为
"6.5mm"，结束为"值"、距离
为"－13mm"。

图 41：使用"减去"命令，目标
为步骤 33~34 的特征；工具体为步骤
32 的特征。

图 42：使用"减去"命令，目
标为步骤 1~2 的特征；工具体为步骤
28~29 的特征。

图 43：使用"减去"命令，目标
为步骤 30~31 的特征；工具体为步骤
39~40 的特征。

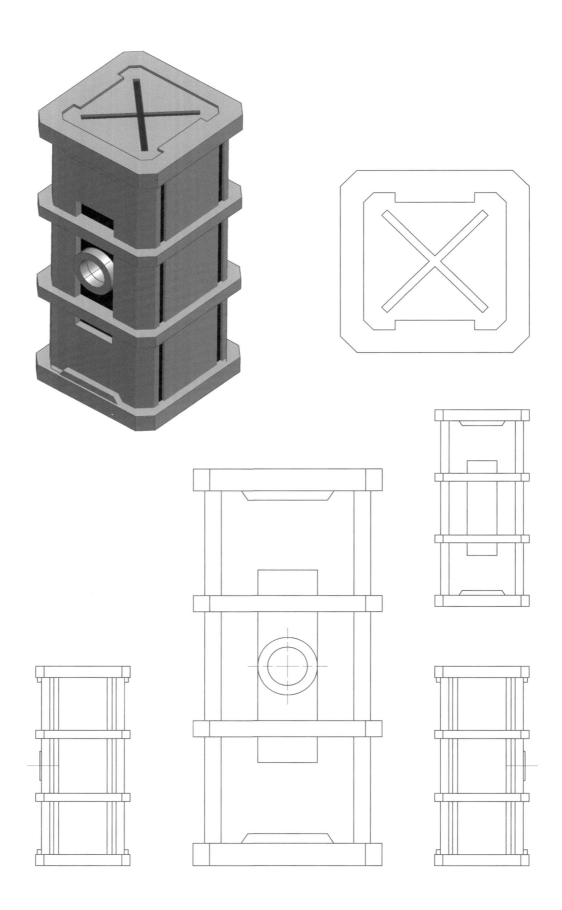

5.5　补给箱

草图　拉伸　倒斜角　边倒圆　减去　镜像几何体

　　补给箱分为需要机动战士开启的大型补给箱，以及人工开启的小型补给箱，本节属于后者。这种补给箱往往预先在地球或殖民卫星打包好，再通过太空飞船或航天飞机运送至对应目的地，4.3 节的打印成品尺寸为 5.7mm×5.7mm×12.4mm。

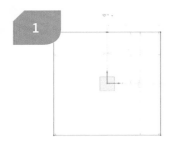

图 1：使用"拉伸"命令，绘制一个 50mm 宽的正方形。

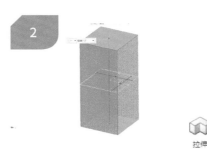

图 2：开始为"值"、距离为"－ 57mm"，结束为"值"、距离为"57mm"。

图 3：使用"倒斜角"命令，横截面为"对称"、距离为"5mm"。

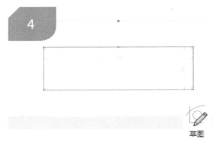

图 4：使用"拉伸"命令，绘制一个长 60mm、宽 18mm 的矩形。

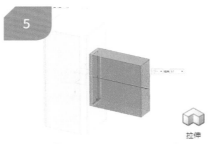

图 5：开始为"值"、距离为"－ 3mm"，结束为"值"、距离为"57mm"。

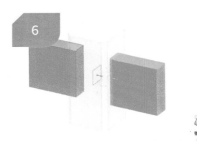

图 6：使用"镜像几何体"命令，要镜像的几何体为步骤 4~5 的特征；指定平面为基准坐标系的平面。

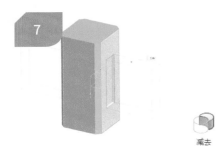

图 7：使用"减去"命令，对步骤 1~2 的特征切削；工具体为步骤 6 的特征。

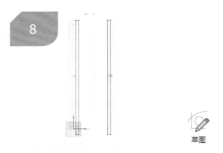

图 8：使用"拉伸"命令，绘制两个长 120mm、宽 3mm 的矩形。

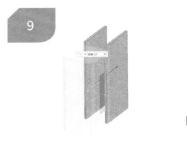

图 9：开始为"值"、距离为"－ 1mm"，结束为"值"、距离为"57mm"。

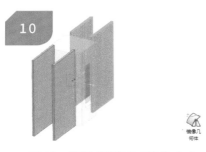

图 10：使用"镜像几何体"命令，要镜像的几何体为步骤 8~9 的特征；指定平面为基准坐标系的平面。

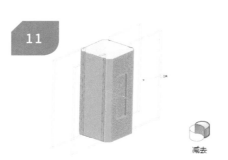

图 11：使用"减去"命令，对步骤 1~2 的特征切削；工具体为步骤 10 的特征。

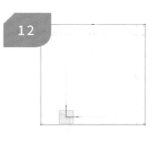

图 12：使用"拉伸"命令，绘制一个边长为 57mm 的正方形。

图 13：开始为"值"、距离为"5mm"，结束为"值"、距离为"－2mm"。

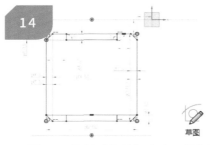

图 14：使用"拉伸"命令，绘制如图所示的草图。

图 15：开始为"值"、距离为"5mm"，结束为"值"、距离为"－1mm"。

图 16：使用"减去"命令，对步骤 12~13 的特征切削；工具体为步骤 14~15 的特征。

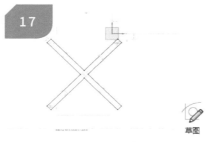

图 17：使用"拉伸"命令，绘制如图所示的草图。

图 18：开始为"值"、距离为"5mm"，结束为"值"、距离为"－1mm"。

图 19：使用"倒斜角"命令，横截面为"对称"、距离为"5mm"。

图 20：使用"拉伸"命令，绘制如图所示的草图。

图 21：开始为"值"、距离为"2.5mm"，结束为"值"、距离为"－1mm"。

图 22：使用"镜像几何体"命令，
要镜像的几何体为步骤 20~21 的特征；
指定平面为基准坐标系的平面。

图 23：使用"镜像几何体"命令，
要镜像的几何体为步骤 12~13、22 的
特征；指定平面为基准坐标系的平面。

图 24：使用"拉伸"命令，绘制
如图所示的草图。

图 25：开 始 为 "值"、距 离 为
"22mm"， 结 束 为 "值"、 距 离 为
"17mm"。

图 26：使用"镜像几何体"命令，
要镜像的几何体为步骤 24~25 的特征；
指定平面为基准坐标系的平面。

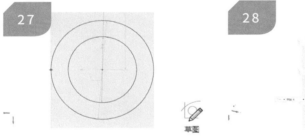

图 27：使用"拉伸"命令，绘制
直径分别为 12mm、18mm 的两个同
心圆。

图 28：开 始 为 "值"、距 离
为 "4mm"，结 束 为 "值"、距
离 为 "－ 1mm"。

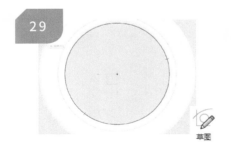

图 29：使用"拉伸"命令，绘制
一个直径为 12mm 的圆形。

图 30：开 始 为 "值"、 距 离
为 "3mm"，结 束 为 "值"、 距
离 为 "－ 18.5mm"，布 尔 运 算 为
"减去"，对步骤 1~2 的特征切削。

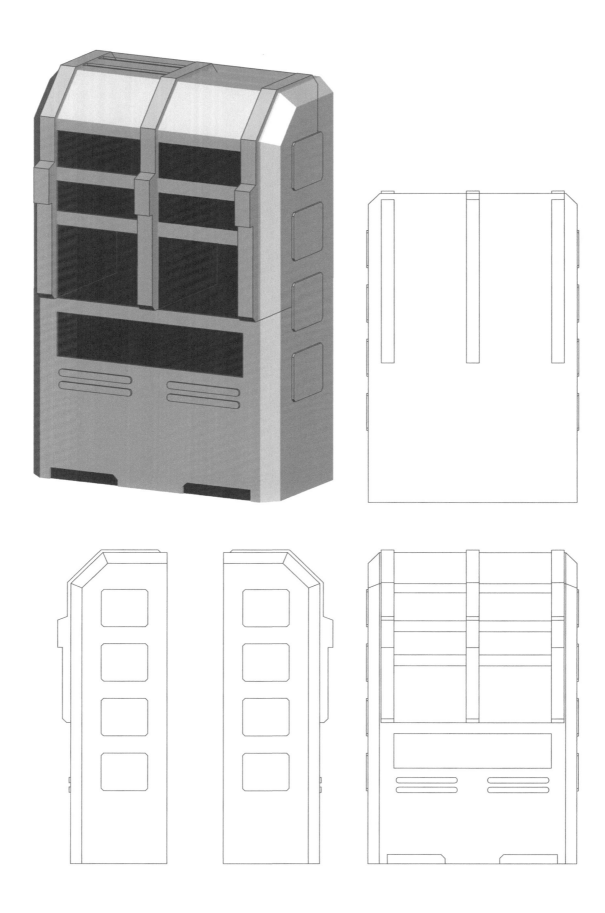

5.6　电箱

电箱可以集中为某一区块的电路分配管线，这种柜体也改装成存放消防设备、气瓶、宇航服的柜子。若想还原"4.3.8 3D 打印"中的尺寸，请导出 STL 格式文件后，在 Materialise Magics 软件中将尺寸设置为 13.2mm×6.8mm×20.2mm。

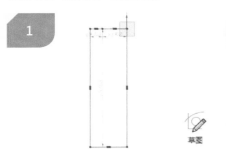

图 1：使用"拉伸"命令，绘制一个长 200mm、宽 60mm 的矩形。

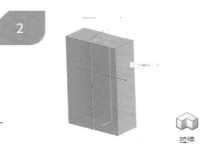

图 2：开始为"值"、距离为"－65mm"，结束为"值"、距离为"65mm"。

图 3：使用"倒斜角"命令，横截面为"对称"、距离为"20mm"。

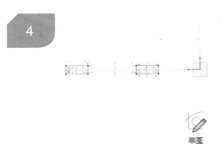

图 4：使用"拉伸"命令，绘制两个长 5mm、宽 2mm 的矩形。

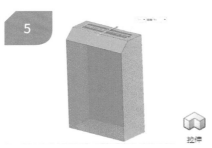

图 5：开始为"值"、距离为"－51mm"，结束为"值"、距离为"51mm"。

图 6：使用"倒斜角"命令，横截面为"对称"、距离为"7mm"。

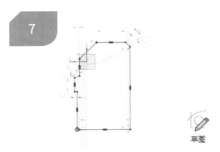

图 7：使用"拉伸"命令，绘制如图所示的草图。

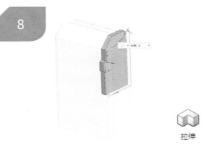

图 8：开始为"值"、距离为"－16mm"，结束为"值"、距离为"－8mm"。

图 9：使用"镜像几何体"命令，要镜像的几何体为步骤 7~8 的特征，指定平面为基准坐标系的平面。

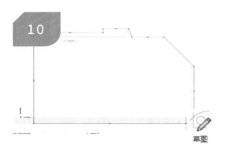

图 10：使用"拉伸"命令，绘制如图所示的草图。

图 11：开始为"值"、距离为"－4mm"，结束为"值"、距离为"4mm"。

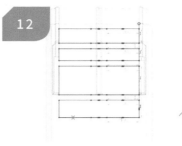

图 12：使用"拉伸"命令，绘制如图所示的草图。

图 13：开始为"值"、距离为"－1mm"，结束为"值"、距离为"4mm"，布尔运算为"减去"，对步骤 1~2 的特征切削。

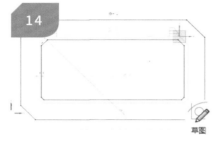

图 14：使用"拉伸"命令，绘制如图所示的草图。

图 15：开始为"值"、距离为"－40mm"，结束为"值"、距离为"－34mm"，布尔运算为"减去"，对步骤 1~2 的特征切削。

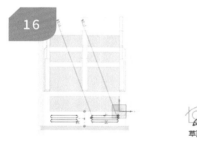

图 16：使用"拉伸"命令，绘制如图所示的草图。

图 17：开始为"值"、距离为"1mm"，结束为"值"、距离为"0mm"。

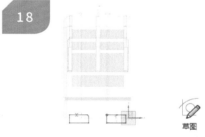

图 18：使用"拉伸"命令，绘制如图所示的草图。

图 19：开始为"值"、距离为"1mm"，结束为"值"、距离为"－1.5mm"，布尔运算为"减去"，对步骤 1~2 的特征切削。

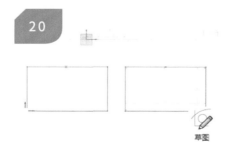

图 20：使用"拉伸"命令，绘制两个长 45.5mm、宽 25.8mm 的矩形。

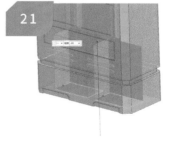

图 21：开始为"值"、距离为"－65mm"，结束为"值"、距离为"65mm"。

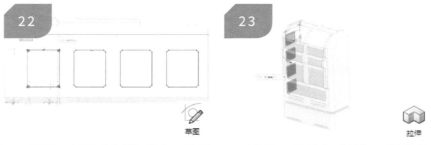

图 22：使用"拉伸"命令，绘制如图所示的草图。

图 23：开 始 为"值"、距 离 为"0mm"，结束为"值"、距离为"1mm"。

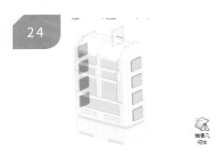

图 24：使用"镜像几何体"命令，要镜像的几何体为步骤 22~23 的特征；指定平面为基准坐标系的平面。

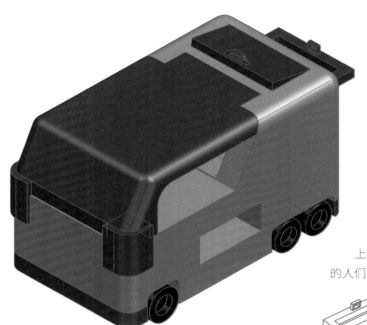

上海张江高科技园区的人工智能餐车，从地铁站出来的人们直接可以扫码购买盒饭。

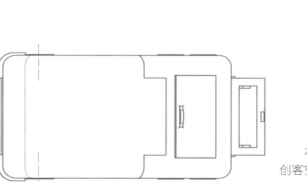

本书中的激光切割操作全部在上海张江高科技园区的蘑菇云创客空间完成，所以张江也成了工作室的聚集地。笔者起初看到图中这台餐车时不以为然，以为就是一个普通的自动贩卖机，直到有一次骑自行车去吃午饭时，目睹了这辆餐车与轿车同样在车道中行驶，还能有条不紊地穿梭在人群中，灵感也由此而来。

在《机动战士高达》中，舰内送餐通常由乘员推着小车人工派送，类似高铁及飞机上的乘务员餐车那样。

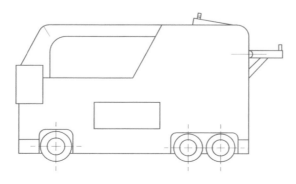

5.7　舰内送餐车

拉伸　镜像几何体　减去　边倒圆　倒斜角　抽壳　修剪体　面倒圆　拆分体(E)...

送餐车具有人工智能，在战舰内可以实现自动巡线、自动补货、乘员信息识别、数据记录及反馈等功能，若想还原"4.3.8 3D 打印"中的打印尺寸，请导出 STL 格式文件后，在 Materialise Magics 软件中将尺寸设置为 12.0mm×23.9mm×13.7mm。

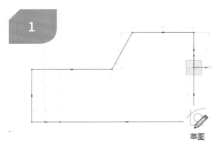

图 1：使用"拉伸"命令，绘制如图所示的草图。

图 2：开始为"值"、距离为"－80mm"，结束为"值"、距离为"80mm"。

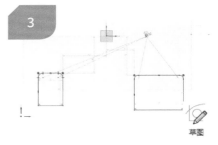

图 3：使用"拉伸"命令，绘制如图所示的草图。

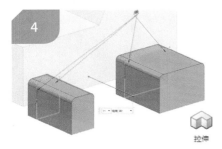

图 4：开始为"值"、距离为"－20mm"，结束为"值"、距离为"80mm"。

图 5：使用"镜像几何体"命令，将步骤 3~4 的特征复制至另一侧，指定平面为基准坐标系的平面。

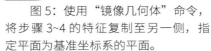

图 6：使用"减去"命令，对步骤 1~2 的特征切削；工具体为步骤 3~5 的特征。

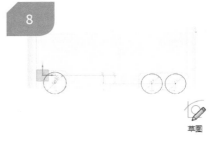

图 8：使用"拉伸"命令，绘制如图所示的草图。

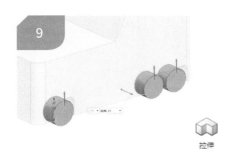

图 9：开始为"值"、距离为"0mm"，结束为"值"、距离为"21mm"。

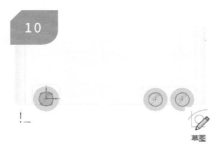

图 10：使用"拉伸"命令，绘制如图所示的草图。

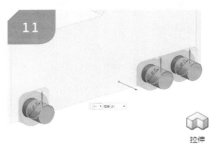

图 11：开始为"值"、距离为"－7mm"，结束为"值"、距离为"21mm"。

注：步骤 7 为边倒圆

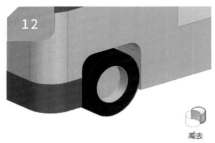

图 12：使用"减去"命令，对步骤 8~9 的特征切削，工具体为步骤 10~11 的特征。

图 13：使用"减去"命令，对步骤 8~9 的特征切削，工具体为步骤 10~11 的特征。

图 14：使用"减去"命令，对步骤 8~9 的特征切削，工具体为步骤 10~11 的特征。

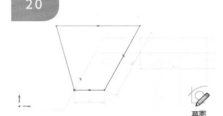

图 16：使用"拉伸"命令，绘制如图所示的草图。

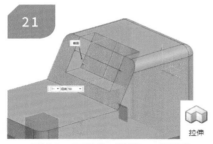

图 17：开始为"值"、距离为"－33mm"，结束为"值"、距离为"16mm"。

图 18：使用"镜像几何体"命令，将步骤 8~9 的特征复制至另一侧，指定平面为基准坐标系的平面。

图 19：使用"镜像几何体"命令，将步骤 16~17 的特征复制至另一侧，指定平面为基准坐标系的平面。

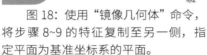

图 20：使用"拉伸"命令，绘制如图所示的草图。

图 21：开始为"值"、距离为"－50mm"，结束为"值"、距离为"50mm"，布尔运算为"减去"，对步骤 1~2 的特征切削。

图 22：使用"拉伸"命令，绘制如图所示的草图。

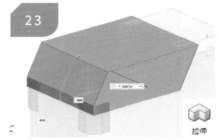

图 23：开始为"值"、距离为"－80mm"，结束为"值"、距离为"80mm"。

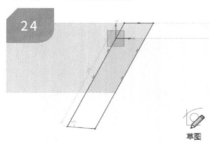

图 24：使用"拉伸"命令，绘制如图所示的草图。

注：步骤 15 为边倒圆

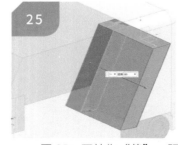

图 25：开始为"值"、距离为"－30mm"，结束为"值"、距离为"80mm"。

图 26：使用"镜像几何体"命令，将步骤 24~25 的特征复制至另一侧，指定平面为基准坐标系的平面。

图 27：使用"减去"命令，对步骤 22~23 的特征切削，工具体为步骤 24~26 的特征。

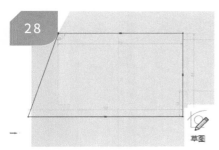

图 28：使用"拉伸"命令，绘制如图所示的草图。

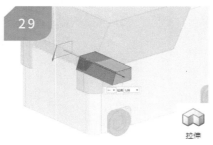

图 29：开始为"值"、距离为"50mm"，结束为"值"、距离为"128mm"。

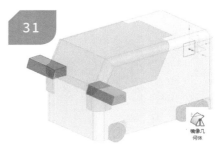

图 31：使用"镜像几何体"命令，将步骤 28~29 的特征复制至另一侧，指定平面为基准坐标系的平面。

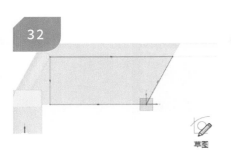

图 32：使用"拉伸"命令，绘制如图所示的草图。

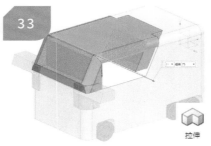

图 33：开始为"值"、距离为"－222mm"，结束为"值"、距离为"75mm"，布尔运算为"减去"，对步骤 22~23 的特征切削。

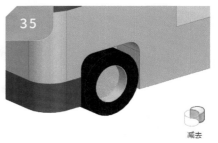

图 35：使用"减去"命令，对步骤 22~23 的特征切削，工具体为步骤 31 的特征。

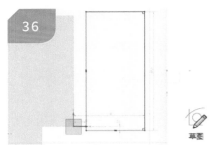

图 36：使用"拉伸"命令，绘制如图所示的草图。

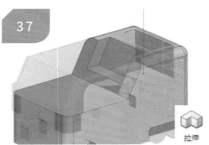

图 37：开始为"值"、距离为"－67mm"，结束为"值"、距离为"128mm"，布尔运算为"减去"，对步骤 1~2 的特征切削。

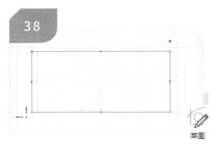

图 38：使用"拉伸"命令，绘制如图所示的草图。

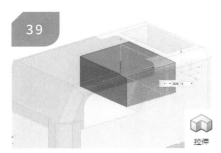

图 39：开始为"值"、距离为"－76mm"，结束为"值"、距离为"16mm"。

图 40：使用"减去"命令，对步骤 22~23 的特征切削，工具体为步骤 38~39 的特征。

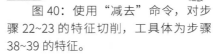

图 41：使用"减去"命令，对步骤 1~2 的特征切削，工具体为步骤 38~39 的特征。

图 42：使用"拉伸"命令，绘制如图所示的草图。

注：步骤 30、34 为边倒圆

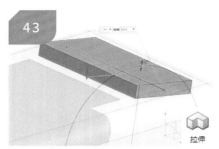

图43: 开始为"值"、距离为"－53.5mm"，结束为"值"、距离为"－53.5mm"。

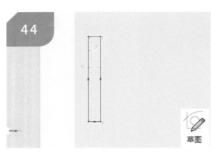

图44: 使用"拉伸"命令，绘制如图所示的草图。

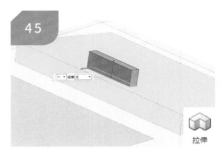

图45: 开始为"值"、距离为"7.5mm"，结束为"值"、距离为"0mm"。

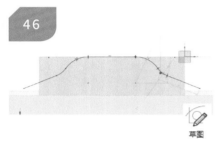

图46: 使用"拉伸"命令，绘制如图所示的草图。

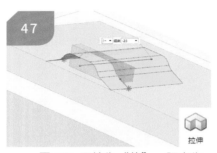

图47: 开始为"值"、距离为"7.5mm"，结束为"值"、距离为"－23mm"。

图48: 使用"修剪体"命令，使用步骤32的片体对步骤31的特征切削。

图49: 使用"壳"命令，选择"打开"；选择面为步骤44~45的2个面；厚度为"2mm"。

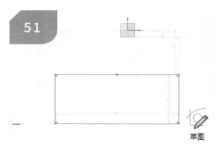

图51: 使用"拉伸"命令，绘制如图所示的草图。

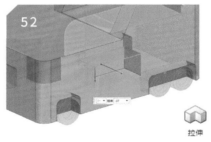

图52: 开始为"值"、距离为"7.5mm"，结束为"值"、距离为"－37mm"，布尔运算为"减去"，对步骤1~2的特征切削。

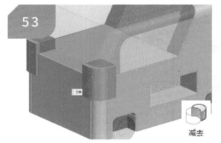

图53: 使用"减去"命令，对步骤1~2的特征切削，工具体为步骤16~17、19的特征。

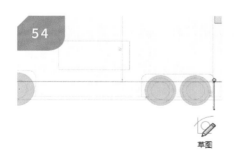

图54: 使用"拉伸"命令，绘制如图所示的草图。

注: 步骤50为面倒圆

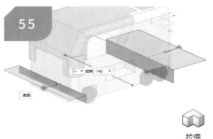

图55: 开始为"值"、距离为"95mm"，结束为"值"、距离为"－140mm"。

图56: 使用"拆分体"命令，目标是步骤1~2的特征，工具体为步骤54~55的特征。

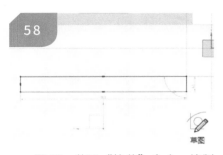

图 58：使用"拉伸"命令，绘制如图所示的草图。

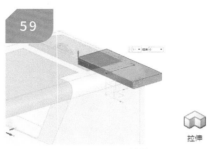

图 59：开始为"值"、距离为"42mm"，结束为"值"、距离为"0mm"。

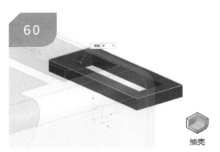

图 60：使用"壳"命令，选择"打开"；选择面为步骤 58~29 的 2 个面；厚度为"10mm"。

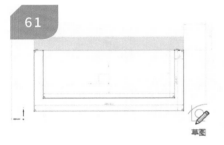

图 61：使用"拉伸"命令，绘制如图所示的草图。

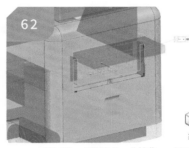

图 62：开始为"值"、距离为"0mm"，结束为"值"、距离为"－15mm"，布尔运算为"减去"，对步骤 1~2 的特征切削。

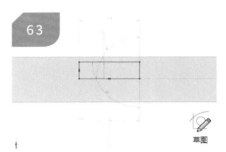

图 63：使用"拉伸"命令，绘制如图所示的草图。

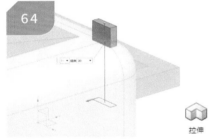

图 64：开始为"值"、距离为"40mm"，结束为"值"、距离为"30mm"。

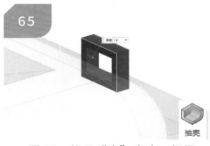

图 65：使用"壳"命令，打开；选择面为步骤 63~64 的 2 个面；厚度为"1.8mm"。

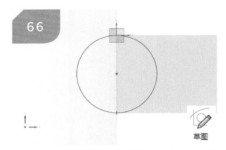

图 66：使用"拉伸"命令，绘制如图所示的草图。

图 67：开始为"值"、距离为"2mm"，结束为"值"、距离为"0mm"。

图 68：使用"镜像几何体"命令，将步骤 66~67 的特征复制至另一侧，指定平面为基准坐标系的平面。

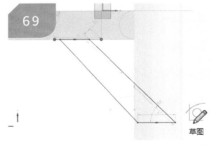

图 69：使用"拉伸"命令，绘制如图所示的草图。

注：步骤 57 为边倒圆

图 70：开始为"值"、距离为"－4mm"，结束为"值"、距离为"3mm"。

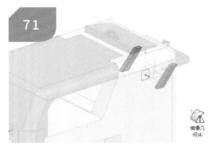

图 71：使用"镜像几何体"命令，将步骤 69~70 的特征镜像复制。

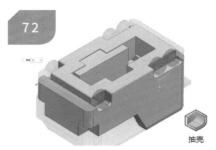

图 72：使用"壳"命令，选择"打开"；选择面为步骤 1 的 1 个面；厚度为"30mm"，这是为了让底面不是平面。

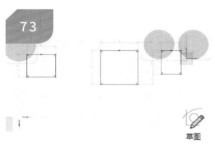

图 73：使用"拉伸"命令，绘制如图所示的草图，这是为底面绘制加强筋。

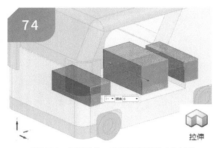

图 74：开始为"直至延伸部分"，结束为"值"、距离为"0mm"。

注：步骤 73、74 为倒斜角

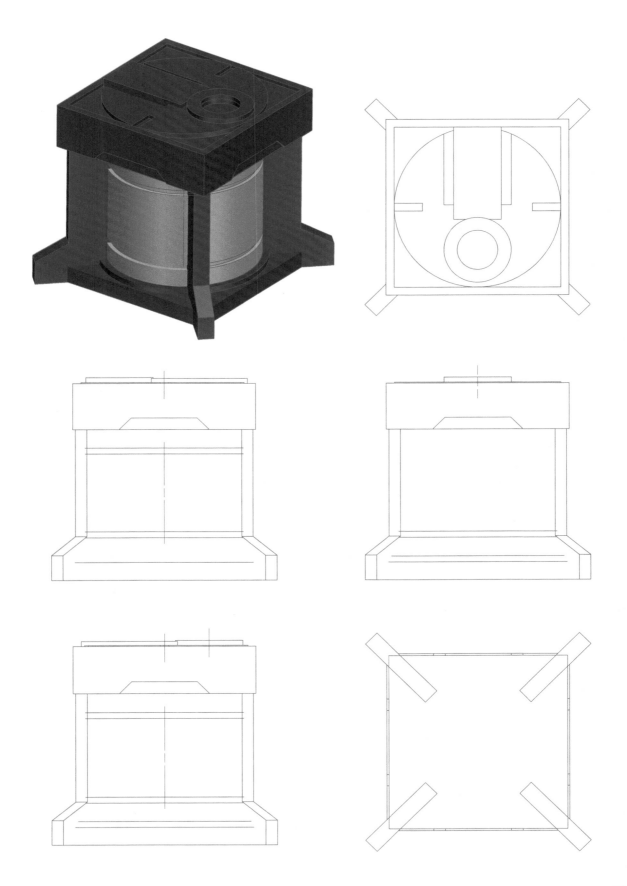

5.8 能量罐

草图　拉伸　倒斜角　边倒圆　减去　基准平面　镜像几何体　阵列几何特征

能量罐可以储存电能、燃油、燃气等战略物资，在关键时刻给予补给，也可在平时作为储能单元使用，若想还原"4.3.8 3D 打印"中的尺寸，请导出 STL 格式文件后，在 Materialise Magics 软件中将尺寸设置为 10.7mm×10.7mm×10.4mm。

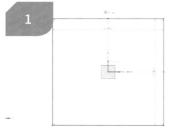

图 1：使用"拉伸"命令，绘制一个宽 90mm 的正方形。

图 2：开始为"值"、距离为"0mm"，结束为"值"、距离为"24mm"。

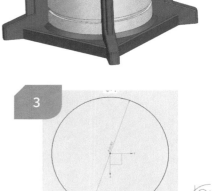

图 3：使用"拉伸"命令，绘制一个直径为 78mm 的圆形。

图 4：开始为"值"、距离为"0mm"，结束为"值"、距离为"65mm"，布尔运算为"合并"，与步骤 1~2 的特征进行合并。

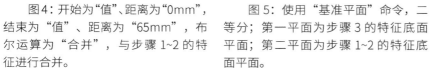

图 5：使用"基准平面"命令，二等分；第一平面为步骤 3 的特征底面平面；第二平面为步骤 1~2 的特征底面平面。

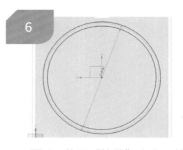

图 6：使用"拉伸"命令，绘制一个直径为 80mm 的圆形，另一个为直径 74mm 的同心圆。

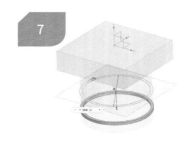

图 7：开始为"值"、距离为"23mm"，结束为"值"、距离为"20mm"。

图 8：使用"镜像几何体"命令，要镜像的几何体为步骤 6~7 的特征，指定平面为步骤 5 的基准平面。

图 9：使用"减去"命令，对步骤 1~2 的特征切削；工具体为步骤 8 的特征。

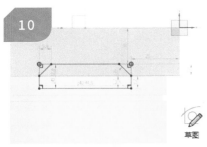

图 10：使用"拉伸"命令，绘制如图所示的草图。

图 11：开始为"值"、距离为"22mm"，结束为"值"、距离为"－1mm"。

图 12：使用"阵列几何特征"命令，布局为"圆形"、间距为"数量和间隔"、数量为"4"、间隔为"90°"，将步骤10~11 的特征阵列复制。

图 13：使用"减去"命令，对步骤 1~2 的特征切削，工具体为步骤 12 的特征。

图 14：使用"拉伸"命令，绘制一个边长为 82mm 的正方形。

图 15：开始为"值"、距离为"22mm"，结束为"值"、距离为"－2mm"，布尔运算为"减去"，对步骤 1~2 的特征切削。

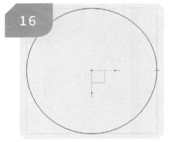

图 16：使用"拉伸"命令，绘制一个直径为 82mm 的圆形。

图 17：开始为"值"、距离为"2.5mm"，结束为"值"、距离为"0mm"。

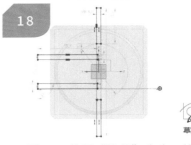

图 18：使用"拉伸"命令，绘制上下两侧各一个长 34.9mm、宽 4mm 的矩形、左侧两个长 55.4mm、宽4.9mm 的矩形。

图 19：开始为"值"、距离为"2.5mm"，结束为"值"、距离为"－2mm"，布尔运算为"减去"，对步骤 16~17 的特征切削。

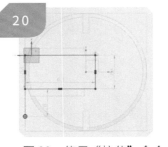

图 20：使用"拉伸"命令，绘制一个长 47.3mm、宽 23.4mm 的矩形。

图 21：开始为"值"、距离为"2mm"，结束为"值"、距离为"－3.5mm"。

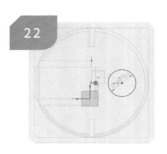

图 22：使用"拉伸"命令，绘制一个直径为 20mm 的圆形。

图 23：开始为"值"、距离为"13mm"，结束为"值"、距离为"－38mm"，布尔运算为"减去"，对步骤 16~17 的特征切削。

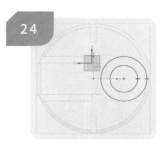

图 24：使用"拉伸"命令，绘制一个外径为 33.2mm、内径为 20mm 的圆环。

图 25：开始为"值"、距离为"2.5mm"，结束为"值"、距离为"0mm"。

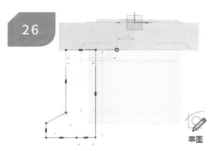

图 26：使用"拉伸"命令，绘制如图所示的草图。

图 27：开始为"值"、距离为"－ 4mm"，结束为"值"、距离为"4mm"。

图 28：使用"阵列几何特征"命令，布局为"圆形"、间距为"数量和间隔"、数量为"4"、间隔为"90°"，将步骤 26~27 的特征阵列复制。

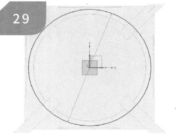

图 29：使用"拉伸"命令，绘制一个直径为 85mm 的圆形。

图 30：开始为"值"、距离为"0mm"，结束为"值"、距离为"3mm"。

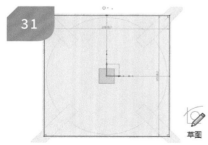

图 31：使用"拉伸"命令，绘制一个边长为 88mm 的正方形。

图 32：开始为"值"、距离为"0mm"，结束为"值"、距离为"9mm"。

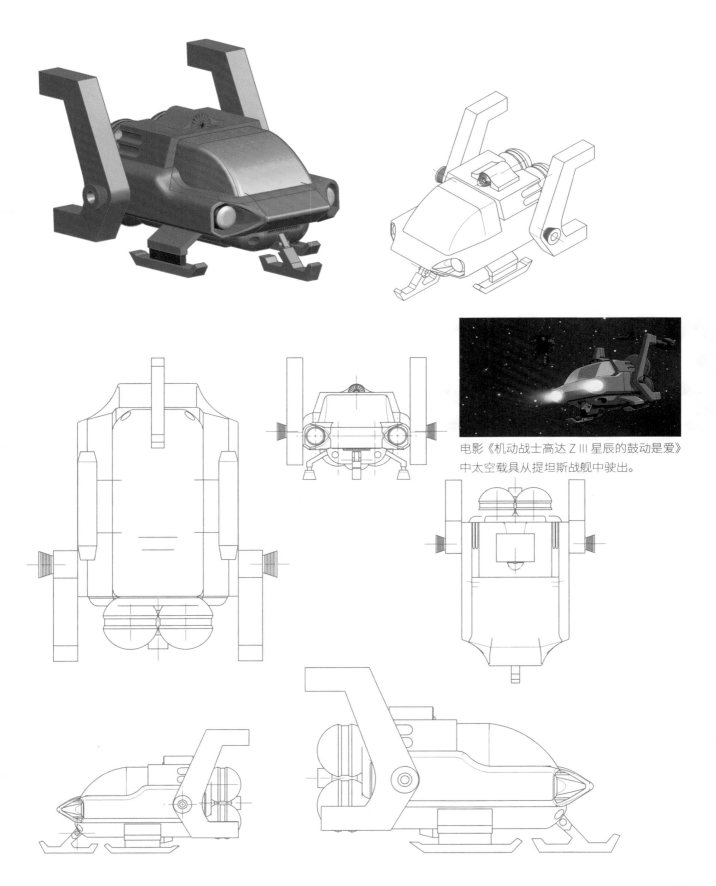

电影《机动战士高达 Z Ⅲ 星辰的鼓动是爱》中太空载具从提坦斯战舰中驶出。

5.9 太空载具

拉伸　修剪体　镜像几何体　减去　倒斜角　边倒圆　拔模　拆分体(P)　扫掠

合并　阵列几何特征　偏置曲面　抽壳　基准坐标系　球(S)

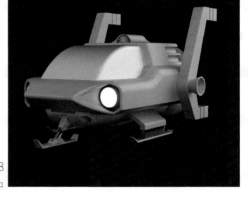

　　本节的模型借鉴了《机动战士高达 Z111 星辰的鼓动是爱》中的飞艇造型，在该电影中一共出现了三种不同的飞艇造型，这是其中一种，若想还原"4.3.8 3D 打印"中的尺寸，请导出 STL 格式文件后，在 Materialise Magics 软件中将尺寸设置为 24.9mm×32.9mm×20.0mm。

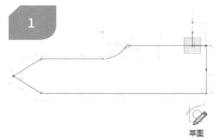

图 1：使用"拉伸"命令，绘制如图所示的草图。

图 2：开始为"值"、距离为"－50mm"，结束为"值"、距离为"50mm"。

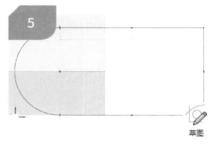

图 5：使用"拉伸"命令，绘制如图所示的草图。

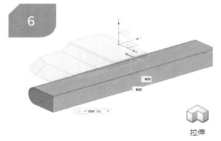

图 6：开始为"值"、距离为"－110mm"，结束为"值"、距离为"182mm"。

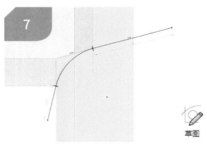

图 7：使用"拉伸"命令，绘制如图所示的草图。

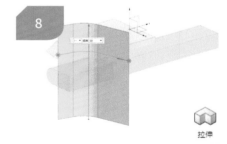

图 8：开始为"值"、距离为"－110mm"，结束为"值"、距离为"50mm"。

图 9：使用"修剪体"命令，使用步骤 5 的片体对步骤 5~6 的特征切削。

图 10：使用"镜像几何体"命令，将步骤 5~6 的特征复制至另一侧，指定平面为基准坐标系的平面。

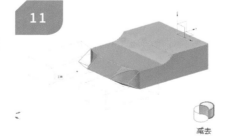

图 11：使用"减去"命令，目标为步骤 1~2 的特征，工具体为步骤 5~6、10 的特征。

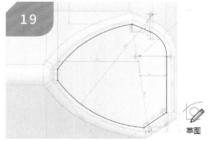

图 19：使用"拉伸"命令，绘制如图所示的草图。

注：步骤 3、4、12、13、14、15 为倒斜角；步骤 16、17、18 为边倒圆

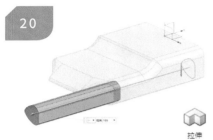

图 20：开始为"值"、距离为"95mm"，结束为"值"、距离为"199mm"。

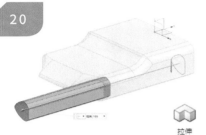

图 22：使用"镜像几何体"命令，将步骤 19~20 的特征复制至另一侧，指定平面为基准坐标系的平面。

图 23：使用"减去"命令，对步骤 1~2 的特征切削，工具体为步骤 19~20、22 的特征。

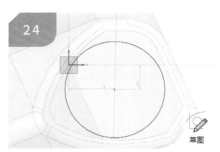

图 24：使用"拉伸"命令，绘制如图所示的草图。

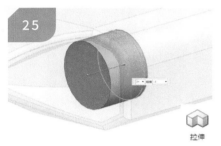

图 25：开始为"值"、距离为"10.2mm"，结束为"值"、距离为"－1mm"。

图 29：使用"拉伸"命令，绘制如图所示的草图。

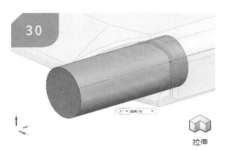

图 30：开始为"值"、距离为"141mm"，结束为"值"、距离为"95mm"。

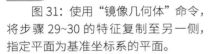

图 31：使用"镜像几何体"命令，将步骤 29~30 的特征复制至另一侧，指定平面为基准坐标系的平面。

图 32：使用"减去"命令，对步骤 1~2 的特征切削，工具体为步骤 29~31 的特征。

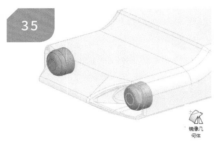

图 35：使用"镜像几何体"命令，将步骤 24~25 的特征复制至另一侧，指定平面为基准坐标系的平面。

图 36：使用"拉伸"命令，绘制如图所示的草图。

图 37：开始为"值"、距离为"43mm"，结束为"值"、距离为"－10mm"。

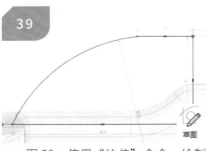

图 39：使用"拉伸"命令，绘制如图所示的草图。

图 40：开始为"值"、距离为"29mm"，结束为"值"、距离为"－29mm"。

注：步骤 21、26 为倒斜角；步骤 27、28、33、34、38 为边倒圆

图41：使用"拔模"命令，面；脱模方向为Z轴；固定面为步骤39~40特征的顶面；要拔模的面为步骤39~40特征一侧的面，角度1为"14°"。

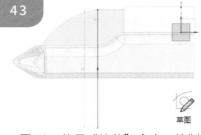

图43：使用"拉伸"命令，绘制如图所示的草图。

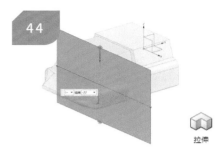

图44：开始为"值"、距离为"90mm"，结束为"值"、距离为"－77mm"。

图42：使用"拔模"命令，面；脱模方向为Z轴；固定面为步骤39~40特征的顶面；要拔模的面为步骤39~40特征另一侧的面，角度1为"14°"。

图45：使用"拆分体"命令，目标是步骤39~40的特征，工具体为步骤43~44的特征。

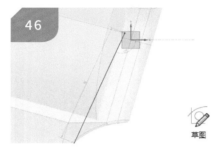

图46：使用"拉伸"命令，绘制如图所示的草图。

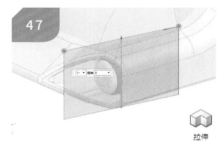

图47：开始为"值"、距离为"－32mm"，结束为"值"、距离为"0mm"。

图48：使用"扫掠"命令，截面为步骤46~47的边缘线；引导线为步骤45的切缝线，创建一个新片体。

图49：使用"修剪体"命令，使用步骤48的片体对步骤45的特征切削。

图51：使用"修剪体"命令，使用步骤50的片体对步骤45的特征切削。

图50：使用"镜像几何体"命令，将步骤48的特征复制至另一侧，指定平面为基准坐标系的平面。

图52：使用"合并"命令，将被拆分的步骤45的特征重新合并。

图55：使用"拉伸"命令，绘制如图所示的草图。

注：步骤53、54为边倒圆

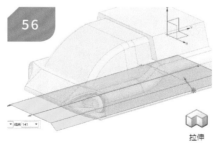

图56：开始为"值"、距离为"－32mm"，结束为"值"、距离为"141mm"。

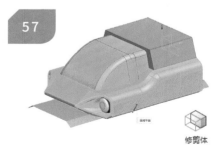

图57：使用"修剪体"命令，使用步骤55~56的片体对步骤1~2的特征切削。

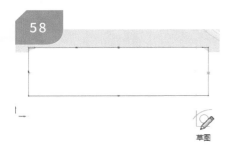

图 58：使用"拉伸"命令，绘制如图所示的草图。

图 59：开始为"值"、距离为"－10mm"，结束为"值"、距离为"111mm"。

图 62：使用"拉伸"命令，绘制如图所示的草图。

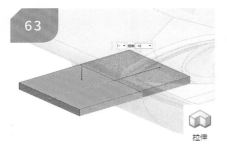

图 63：开始为"值"、距离为"21mm"，结束为"值"、距离为"－16mm"。

图 64：使用"减去"命令，对步骤 58~59 的特征切削，工具体为步骤 62~63 的特征。

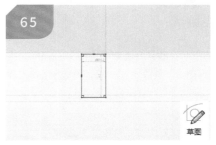

图 65：使用"拉伸"命令，绘制如图所示的草图。

图 66：开始为"值"、距离为"－1.5mm"，结束为"值"、距离为"－3mm"。

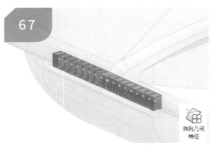

图 67：使用"阵列几何特征"命令，布局为"线性"，指定矢量为"X 轴"，间距为"数量和间隔"，数量为"9"，间隔为"1.4mm"，将步骤 65~66 的特征阵列复制。

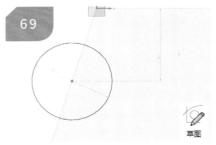

图 69：使用"拉伸"命令，绘制如图所示的草图。

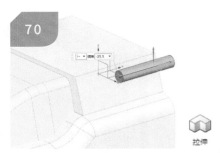

图 70：开始为"值"、距离为"8.5mm"，结束为"值"、距离为"－25.5mm"。

图 72：使用"阵列几何特征"命令，布局为"线性"，指定矢量为"Z 轴"，间距为"数量和间隔"，数量为"2"，间隔为"8.5mm"，将步骤 69~70 的特征阵列复制。

图 73：使用"镜像几何体"命令，将步骤 69~70、72 的特征复制至另一侧，指定平面为基准坐标系的平面。

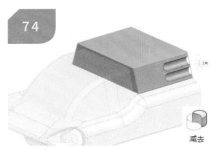

图 74：使用"减去"命令，对步骤 36~37 的特征切削，工具体为步骤 69~70、72、73 的特征。

注：步骤 60、61、68、71 为边倒圆

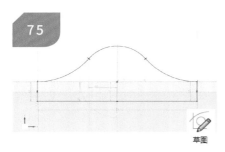

图 75：使用"拉伸"命令，绘制如图所示的草图。

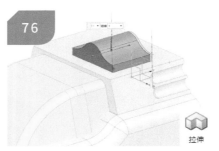

图 76：开始为"值"、距离为"28mm"，结束为"值"、距离为"1mm"。

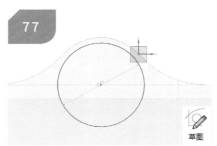

图 77：使用"拉伸"命令，绘制如图所示的草图。

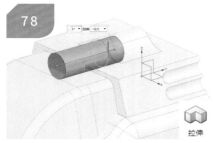

图 78：开始为"值"、距离为"28mm"，结束为"值"、距离为"－10.5mm"。

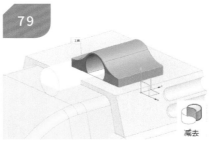

图 79：使用"减去"命令，对步骤 75~76 的特征切削，工具体为步骤 77~78 的特征。

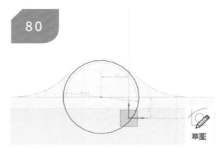

图 80：使用"拉伸"命令，绘制如图所示的草图。

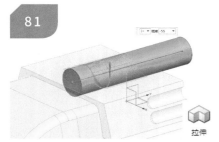

图 81：开始为"值"、距离为"19mm"，结束为"值"、距离为"－55mm"。

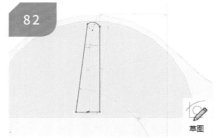

图 82：使用"拉伸"命令，绘制如图所示的草图。

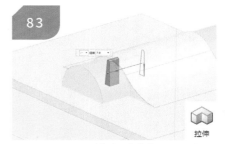

图 83：开始为"值"、距离为"10.8mm"，结束为"值"、距离为"7.9mm"。

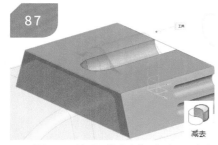

图 87：使用"减去"命令，对步骤 36~37 的特征切削，工具体为步骤 80~81 的特征。

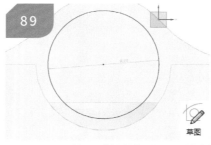

图 89：使用"拉伸"命令，绘制如图所示的草图。

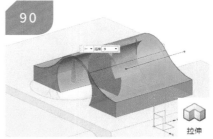

图 90：开始为"值"、距离为"11.7mm"，结束为"值"、距离为"－9mm"，布尔运算为"减去"，对步骤 75~76 的特征切削。

注：步骤 84、85、86、88 为边倒圆

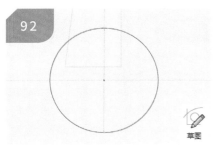

图 92：使用"拉伸"命令，绘制如图所示的草图。

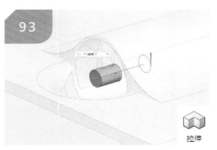

图 93：开始为"值"、距离为"12mm"，结束为"值"、距离为"7mm"。

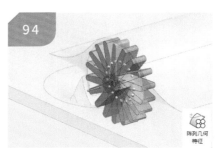

图 94：使用"阵列几何特征"命令，布局为"圆形"、间距为"数量和间隔"、数量为"18"、间隔为"20°"，将步骤 82~83 的特征阵列复制。

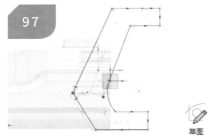

图 97：使用"拉伸"命令，绘制如图所示的草图。

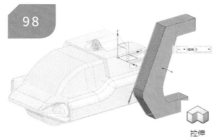

图 98：开始为"值"、距离为"15mm"，结束为"值"、距离为"0mm"。

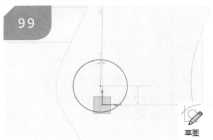

图 99：使用"拉伸"命令，绘制如图所示的草图。

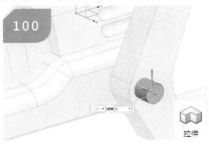

图 100：开始为"值"、距离为"9mm"，结束为"值"、距离为"0mm"。

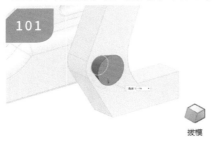

图 101：使用"拔模"命令，选择"面"；脱模方向为 X 轴；固定面为步骤 99~100 特征朝里的面；要拔模的面为步骤 99~100 特征外侧圆筒状的面，角度 1 为"－19°"。

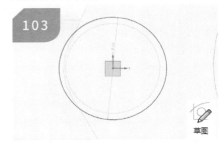

图 103：使用"拉伸"命令，绘制如图所示的草图。

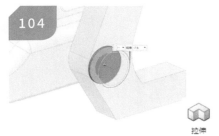

图 104：开始为"值"、距离为"－6.7mm"，结束为"值"、距离为"－7.6mm"。

图 105：使用"阵列几何特征"命令，布局为"线性"，指定矢量为"X 轴"，间距为"数量和间隔"、数量为"4"、间隔为"1.8mm"，将步骤 103~104 的特征阵列复制。

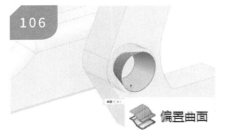

图 106：使用"偏置曲面"命令，选中步骤 99~100 特征的表面，偏置 1 为"－0.1mm"，创建一个新片体。

注：步骤 95 为倒斜角；步骤 91、96、102 为边倒圆

107

修剪体

图107：使用"修剪体"命令，并使用步骤106的片体对步骤105的特征切削。

108
抽壳

图108：使用"壳"命令，选择"打开"；选择面为步骤99~100的1个面；厚度为"4mm"。

109
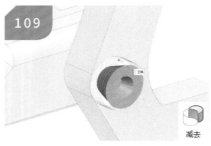
减去

图109：使用"减去"命令，目标为步骤99~100的特征，工具体为步骤105的特征。

110
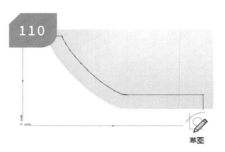
草图

图110：使用"拉伸"命令，绘制如图所示的草图。

111

拉伸

图111：开始为"值"、距离为"4mm"，结束为"值"、距离为"－4mm"，布尔运算为"减去"，对步骤58~59的特征切削。

112
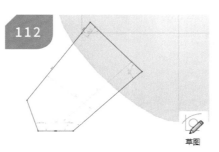
草图

图112：使用"拉伸"命令，绘制如图所示的草图。

113
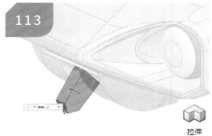
拉伸

图113：开始为"值"、距离为"2mm"，结束为"值"、距离为"－2mm"。

114
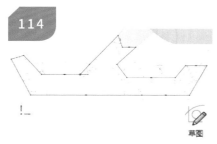
草图

图114：使用"拉伸"命令，绘制如图所示的草图。

115
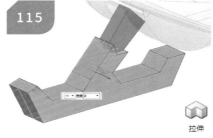
拉伸

图115：宽度为"对称值"、距离为"8mm"。

116
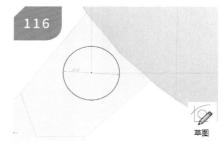
草图

图116：使用"拉伸"命令，绘制如图所示的草图。

117
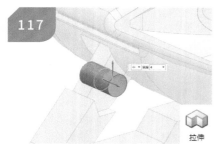
拉伸

图117：宽度为"对称值"、距离为"4mm"。

118
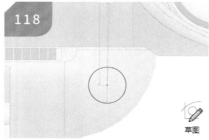
草图

图118：使用"拉伸"命令，绘制如图所示的草图。

119

拉伸

图119：开始为"值"、距离为"127mm"，结束为"值"、距离为"90mm"。

图120：使用"镜像几何体"命令，将步骤118~119的特征复制至另一侧，指定平面为基准坐标系的平面。

图 121：使用"减去"命令，对步骤 58~59 的特征切削，工具体为步骤118~120 的特征。

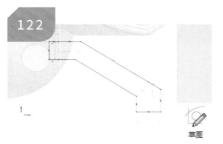

图 122：使用"拉伸"命令，绘制如图所示的草图。

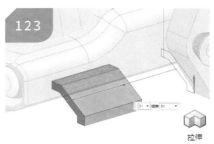

图 123：开始为"值"、距离为"65mm"，结束为"值"、距离为"31mm"。

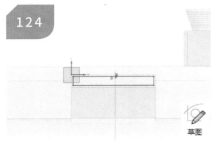

图 124：使用"拉伸"命令，绘制如图所示的草图。

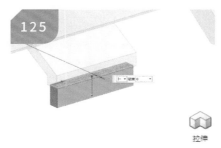

图 125：开始为"值"、距离为"7.4mm"，结束为"值"、距离为"0mm"。

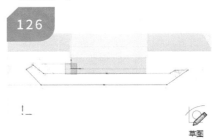

图 126：使用"拉伸"命令，绘制如图所示的草图。

图 127：宽度为"对称值"、距离为"6mm"。

图 128：使用"拔模"命令，选择"面"；脱模方向为 Z 轴；固定面为步骤 126~127 特征的底面；要拔模的面为步骤 126~127 特征外侧的面，角度 1 为"14°"。

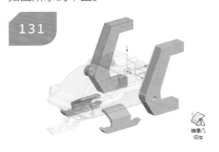

图 131：使用"镜像几何体"命令，将步骤 97~100、122~127 的特征复制至另一侧，指定平面为基准坐标系的平面。

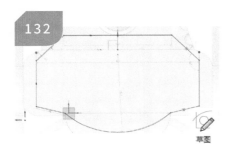

图 132：使用"拉伸"命令，绘制如图所示的草图。

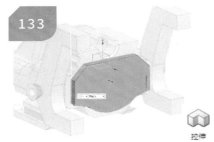

图 133：开始为"值"、距离为"6mm"，结束为"值"、距离为"0mm"。

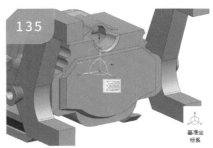

图 135：使用"基准坐标系"命令，选择"动态"；参考为"绝对坐标系 - 显示部件"；指定方位为"x17.17""y26.30""z0.42"。

注：步骤 129、130 为边倒圆；步骤 134 为倒斜角

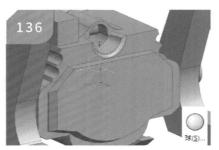

图136：使用"球"命令，中心点为步骤135基准坐标系的原点；直径为"35mm"，创建一个球。

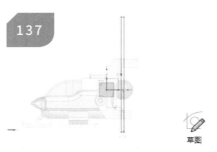

图137：使用"拉伸"命令，绘制如图所示的草图。

图138：开始为"值"、距离为"49mm"，结束为"值"、距离为"－49mm"。

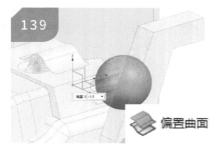

图139：使用"偏置曲面"命令，选中步骤136特征的如图所示表面，偏置1为"－1.5mm"，创建一个新片体。

图140：使用"修剪体"命令，使用步骤139的片体对步骤137~138的特征切削。

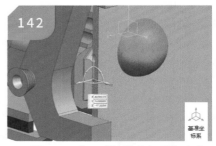

图142：使用"基准坐标系"命令，选择"动态"；参考为"绝对坐标系－显示部件"；指定方位为"x40.56"、"y16.00"、"z-17.32"。

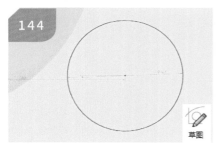

图144：使用"拉伸"命令，绘制如图所示的草图。

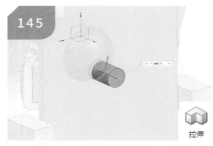

图145：开始为"值"、距离为"3mm"，结束为"值"、距离为"19mm"。

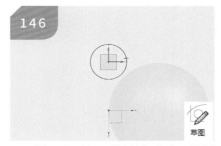

图146：使用"拉伸"命令，绘制如图所示的草图。

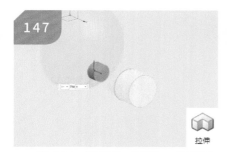

图147：开始为"值"、距离为"8.5mm"，结束为"值"、距离为"0mm"。

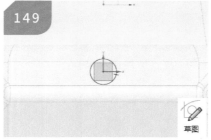

图149：使用"拉伸"命令，绘制如图所示的草图。

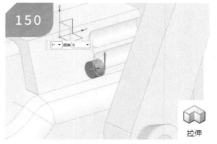

图150：开始为"值"、距离为"4mm"，结束为"值"、距离为"0mm"。

注：步骤141、143为边倒圆；步骤148为倒斜角

151　合并

图 151：使用"合并"命令，目标为步骤 144~145 的特征；工具为步骤 146~147 的特征。

152　抽壳

图 152：使用"壳"命令，选择"打开"；选择面为步骤 146~147 特征朝外的 1 个面；厚度为"4.9mm"。

154
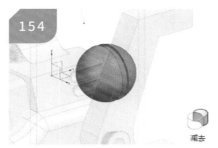
　减去

图 154：使用"减去"命令，对步骤 136 的特征切削，工具体为步骤 137~138 的特征。

156　镜像几何体

图 156：使用"镜像几何体"命令，将步骤 136 的特征复制至另一侧，指定平面为基准坐标系的平面。

157　镜像几何体

图 157：使用"镜像几何体"命令，将步骤 136、156 的特征复制至另一侧，指定平面为步骤 142 基准坐标系的平面。

158
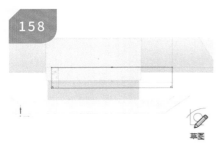
　草图

图 158：使用"拉伸"命令，绘制如图所示的草图。

159
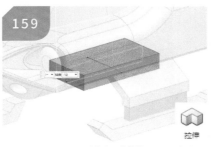
　拉伸

图 159：开始为"值"、距离为"12mm"，结束为"值"、距离为"－12mm"。

162
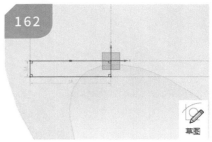
　草图

图 162：使用"拉伸"命令，绘制如图所示的草图。

163
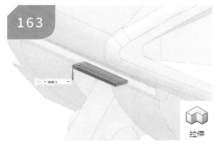
　拉伸

图 163：开始为"值"、距离为"8mm"，结束为"值"、距离为"0mm"。

注：步骤 153、160 为边倒圆；步骤 152、155、161 为倒斜角

5.10 模型分件（UG NX）

拟亚加玛战舰登场于《机动战士高达ZZ》第37集，是来到地球未能阻止哈曼野心的捷多一行人回到宇宙后取得的全新力量。

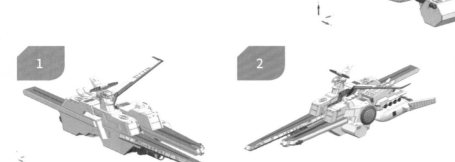

图1~图2：经过建模后，下一步要将完整的模型拆分成可供 3D 打印的分件形式，将已经镜像的部分删除，待修改完成后，再镜像修改后的模型。

图4：单击选项卡的"视图"按钮，进入"视图"选项卡，接下来将重点使用"图层设置"及"移动至图层"这两个功能。

图3：该模型的建模步骤超过一千步，无法简单使用步骤隐藏功能来区分不同部件。

图5：单击移动至图层，选择想要移动的模型。将其移动至目标图层；若因为模型之间的遮挡而导致难以一次将全部模型一并选中，可以先移动一部分模型、然后将目标图层隐藏，再移动未移动的模型，以此类推。

图6：选择拟亚加玛的背部弹射甲板。

图7：移动至"图层14"，一个数字对应一个零件，方便后期数据、图纸、说明文件之间互相对应。

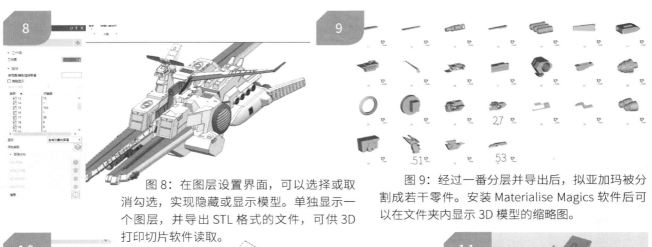

图 8：在图层设置界面，可以选择或取消勾选，实现隐藏或显示模型。单独显示一个图层，并导出 STL 格式的文件，可供 3D 打印切片软件读取。

图 9：经过一番分层并导出后，拟亚加玛被分割成若干零件。安装 Materialise Magics 软件后可以在文件夹内显示 3D 模型的缩略图。

图 10：在图 9 中的"零件 51"造型不符合 3D 打印的要求，需要进一步分件。

图 11：使用 Materialise Magics 软件打开的"零件 51"如图所示。

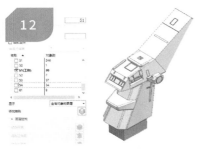

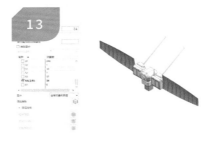

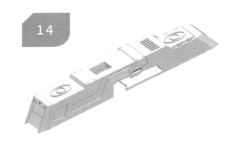

图 12：使用"拉伸"命令制作卡榫轴，使用"减去"命令工具为该卡榫轴、目标为"零件 51"；最后使用"合并"命令，工具为该卡榫轴，目标为"零件 54"。

图 13：新分出的零件则移动至"图层 54"。

图 14：以躯干"零件 53"为例，因为 3D 打印材料昂贵，这种零件需以保证强度为前提，尽可能掏空。

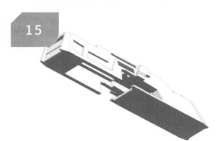

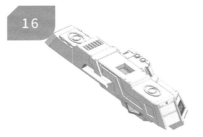

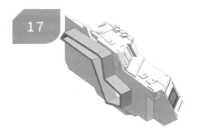

图 15：以底侧视角观看"零件 53"。

图 16：安装"零件 27"后的效果如图所示。

图 17："零件 27"单独展示，黄色部分为使用"拉伸"命令新制的卡榫，而内部则镂空处理。

201